U0257964

国家现代农业产业技术体系建设项目"中国苹果产业经济发展研究"

（项目编号：CARS-28）

中国"三农"问题前沿丛书

# 气候变化与
# 苹果种植户的适应

CLIMATE CHANGE
AND APPLE FARMERS' ADAPTATION

冯晓龙　陈宗兴　霍学喜　著

社会科学文献出版社
SOCIAL SCIENCES ACADEMIC PRESS (CHINA)

# 目 录

CONTENTS

第一章　导论 ……………………………………………… 001

一　研究背景 ……………………………………………… 001

二　研究目的和意义 ……………………………………… 005

三　文献综述与评价 ……………………………………… 008

四　研究内容 ……………………………………………… 026

五　技术路线、研究方法及数据资料 …………………… 028

六　本书创新之处 ………………………………………… 033


第二章　苹果种植户气候变化适应性行为理论分析 ………… 036

一　苹果种植户及特征 …………………………………… 036

二　气候变化适应性及特征 ……………………………… 042

三　苹果种植户气候变化适应性行为分析 ……………… 044

四　苹果种植户气候变化适应性行为选择理论分析

及假设 ………………………………………………… 052

五　本章小结 ……………………………………………… 062


第三章　气候变化及苹果种植户适应性行为特征 …………… 063

一　陕西气候变化特征 …………………………………… 063

二 陕西苹果生产特征 ……………………………… 068

三 陕西气候变化与苹果生产布局变化关系特征 …… 073

四 苹果种植户气候变化适应性行为特征分析 ……… 077

五 本章小结 ………………………………………… 089

**第四章 气候变化对苹果种植户苹果净收益影响分析** ……… 091

一 气候变化对苹果种植户苹果净收益影响机理
与模型构建 ……………………………………… 091

二 苹果种植户特征及描述性统计分析 …………… 094

三 实证结果分析 ………………………………… 097

四 本章小结 ……………………………………… 103

**第五章 苹果种植户气候变化适应能力分析** ……………… 105

一 苹果种植户适应能力指标体系设计 …………… 105

二 指标权重赋值方法选择 ………………………… 110

三 苹果种植户适应能力测度与分析 ……………… 112

四 本章小结 ……………………………………… 123

**第六章 苹果种植户气候变化适应性行为决策分析** ……… 125

一 理论分析与研究假设 ………………………… 126

二 适应性措施与变量描述性统计分析 …………… 131

三 计量模型选择与实证结果分析 ……………… 144

四 本章小结 ……………………………………… 163

**第七章 苹果种植户气候变化适应性行为选择
有效性分析** ………………………………… 167

一 苹果种植户适应性行为选择有效性理论分析
及模型设计 …………………………………… 167

二　变量选择与描述性统计分析 …………………… 172

三　实证结果与分析 …………………………………… 179

四　不同适应性行为选择成本收益分析 …………… 200

五　本章小结 …………………………………………… 202

第八章　结论与建议 ……………………………………… 204

一　主要研究结论 …………………………………… 204

二　主要建议 ………………………………………… 212

三　进一步研究展望 ………………………………… 217

参考文献 …………………………………………………… 218

附　录 ……………………………………………………… 242

# 第一章

# 导　论

## 一　研究背景

气候变化是指气候的平均状态与离差的一个或两个共同出现显著变化，而关于气候变化的成因可概括为自然的气候波动和人为因素影响的气候波动两大类（新华网，2009）。近些年来，气候变化深刻影响着人类的生存和发展，是各国共同面临的重大挑战（胡锦涛，2009）。联合国环境规划署明确指出，气候变化已成为安全威胁，如果不采取果断措施，未来数十年内，气候变化将超出许多地方的适应能力，这可能导致动荡和暴力，从而对国家和国际安全产生危害（林小春、高丽，2007）。

1988 年，世界气象组织和联合国环境规划署建立政府间气候变化专门委员会（IPCC），气候变化开始引起国际社会的广泛关注。特别是近十多年世界范围气候异常给很多国家的粮食生产、水资源和能源带来严重影响，引起各国政府及学术界关注。最近的研究表明，20 世纪 90 年代和 21 世纪分别是近千年来最暖的 10 年和世纪（朱红根，2010）。2013 年政府间气候变化专门委员会（IPCC）关于全球气候变化的第五次评估报告就指出，如果不采取措施，未来 100 年内全球平均气温可能上升 0.7～4.8 摄氏度

（秦大河、Thomas Stocker，2014）。全球变暖的进一步加剧，将导致极端天气、气候事件更加频繁，严重威胁全球社会经济的可持续发展（朱红根，2010）。

## （一）气候变化对农业产生严重影响

农业是自然再生产和经济再生产重合的产业部门，是以农作物生长发育为基础，光、热、水、土壤等气候与环境要素是决定农业生产的基本自然要素。气候变化将直接导致辐射、光照、热量、温度、湿度、风速等气候要素时空格局发生变化，从而对农业生产形成全方位、多层次影响。由于农业部门对气候变化非常敏感，因而在全球气候变暖背景下，农业气象灾害、水资源短缺、农业病虫害发生程度都呈加剧趋势（郑国光，2009）。

在过去25年间，全球气候变化已经导致世界上一些主要粮食作物减产，而气候变化给不同地区不同产业的影响差异明显（O'Brien et al.，2006）。1981~2002年，由于气温升高，小麦、玉米、大麦的全球产量每年合计减少4000万吨（潘根兴等，2011）。在中国，近50年气温上升尤其明显，这使得中国灌溉和雨养春小麦的产量将分别减少17.70%和31.4%（郑国光，2009）。面对气候变化的挑战，如果不采取任何措施，未来20~50年内，农业生产将受到气候变化的严重冲击，并严重影响中国长期的粮食安全。据估算，到2030年因全球变暖，中国种植业产量总体上可能会减少5.00%~10.00%，其中小麦、水稻、玉米三大作物均会减产（钱凤魁等，2014）。已有研究表明，受全球气候变暖影响，极端天气和气候事件增多、增强，旱灾危害的程度、范围呈加重、扩大态势，对农业造成严重影响。有关资料显示，中国每年因旱灾平均损失粮食300亿公斤（郑国光，2009）。可以看出，气候变化已使农业生产条件及产业结构发生重大变化，这种变化不仅威胁中国甚至世界的粮食安全，而且增大了农民收入波动的幅度。

中国是世界苹果生产第一大国。据统计 2014 年中国苹果种植面积达 231.20 万 hm$^2$，产量为 3800.00 万吨，分别占世界苹果栽培面积和产量的 50.78%、55.60%，面积和产量均居世界首位（国家苹果产业经济研究室，2014）。依据农业部发布的《苹果优势区域布局规划（2008~2015 年）》，中国苹果生产主要集中在环渤海湾优势产区和黄土高原优势产区，其中环渤海湾优势区包括胶东半岛、泰沂山区、辽南、燕山、太行山浅山丘陵区，黄土高原优势区包括陕西渭北和陕北南部地区、山西晋南和晋中、河南三门峡地区和甘肃的陇东及陇南地区。可见，苹果产业已逐渐成为中国北方地区农村的支柱产业，在农业产业结构调整、增加农民收入及出口创汇等方面发挥着重要作用（农业部种植业管理司，2007）。

苹果作为多年生、高价值农产品的典型代表，其种植过程对气候条件极为敏感，气温、降水量等气候条件的变化严重影响苹果产量与质量，不利于苹果种植户增产增收。有证据表明，气候变化对中国苹果产业已造成明显影响（樊晓春等，2010，2013；冯晓龙等，2015；魏钦平等，2010）。气候变化引起春季温度升高，苹果开花期提前，导致苹果开花期遭受晚霜和冻害的机会增加。受气候变化的影响，2000 年以来苹果开花期普遍比 20 世纪80 年代提前 5~7 天，开花期提前明显增加了遭遇低温冻害的风险（魏钦平等，2010）。气候变暖往往伴随着干旱、风雹等灾害。有关资料显示，苹果产区近些年的年降水量均呈下降趋势，春秋季降水量减少，夏冬季降水量增加，造成自然降水与苹果需水特性不协调，严重影响苹果树生长和果品品质提高。此外，以气候变暖为主要特征的气候变化必然导致果树病虫害的发生概率加大，影响果树生长（段晓凤等，2014；魏钦平等，2010）。

**（二）适应性选择成为应对气候变化的基本举措**

世界各地区都将受到气候变化影响，但受冲击最强烈的国家将是发展中国家，而适应将成为解决不可避免的温室气体排放、气候变暖的必经之路（IPCC，2007）。2007 年 12 月，联合国气候变化大会通过《巴厘行动计划》将适应气候变化与减缓气候变化置于同样重要的地位。针对气候变化对中国农业、林业、水资源影响加剧问题，中国政府分别于 2013 年 11 月、2014 年 9 月发布《国家适应气候变化战略》《国家应对气候变化规划（2014～2020年）》，明确提出将应对气候变化作为国家重大战略，坚持减缓和适应气候变化同步推动的基本原则，推动全社会各领域、各行业积极适应气候变化（国家发展改革委，2011）。由此可见，采取工程措施、技术措施、管理措施，已成为中国及世界应对气候变化的基本举措。根据 IPCC（2001）定义，"适应"是指自然或人类系统为应对实际的或预期的气候影响而做出的减小脆弱性的倡议或措施，即自然或人类系统为应对现实的或预期的气候刺激或其影响而做出的调整，这种调整能够减轻损害或开发有利的机会。也就是说，应对气候变化不仅要减少温室气体排放，还要采取主动的适应行动，通过适应性措施减少脆弱性和暴露度、增强气候恢复能力，该过程与社会可持续发展密切相关。

　　苹果种植户作为苹果产业的微观经营主体，如何适应气候变化成为政府与学者关注的焦点。根据实地调查数据，2011～2013年苹果种植户中有 74.1% 遭受苹果膨大期持续高温影响，67.1% 遭受苹果开花期低温影响，这些气候变化给苹果种植户苹果生产带来不同程度的负面影响，提升其收入波动性。面对气候变化诱发的苹果生产外部环境的负面影响，苹果种植户采取了哪些适应性措施？通过实地调查发现，对诸如苹果开花期低温、苹果膨大期持续高温等气候变化，种植户大多数采用相应的适应性措施，其中苹果种植户采用熏烟、喷打防冻剂等措施应对苹果开花期低温；苹果种植户采用灌溉、覆膜、人工种草等措施应对苹果膨大期持续高温。这些适应性措施在很大程度上减轻了气候变化对苹果种植户苹果生产带来的负面影响,稳定了其家庭收入。

综上所述,气候变化对苹果产业发展和苹果种植户增收产生的影响较为明显,适应已经成为解决这一问题的基本模式。因此,探讨气候变化对中国苹果生产的影响及专业化苹果种植户气候变化适应性行为选择,是研究气候变化环境中改进中国苹果产业可持续发展的突破口。基于这种背景,本书拟研究解决的关键问题包括:识别影响苹果生产的关键气候因素,评估气候变化对区域苹果种植户苹果收益的影响程度;分析苹果种植户气候变化适应性行为,包括苹果种植户气候变化适应性行为特征、气候变化适应能力,影响其气候变化适应性行为决策的关键因素及适应性行为选择的效果评价。

## 二 研究目的和意义

### (一) 研究目的

本书研究目的是围绕气候变化对苹果种植户苹果净收益的影响程度及专业化苹果种植户气候变化适应性行为,以农户经济学理论及适应性理论为基础,揭示气候变化对苹果种植户苹果收益的影响机理与专业化苹果种植户气候变化适应性行为决策机理;运用实证分析方法,评估气候变化对区域苹果种植户苹果净收益的影响及专业化苹果种植户气候变化适应能力,分析影响苹果种植户适应性行为决策的关键因素。在此基础上,评估专业化苹果种植户适应性行为选择的效果。

具体研究目标设计有以下三点。

(1) 在归纳区域苹果种植户气候变化适应性措施基础上,揭示苹果种植户适应性行为选择的行为动机、行为倾向和行为特征,基于不确定性条件下农户行为理论的分析思路,遵循期望效用最大化原则，构建苹果种植户气候变化适应性行为理论体系，为进一步开展实证研究奠定基础。

（2）运用分层抽样方法，通过实地调查获取陕西气候变化与苹果种植户的适应性行为相关数据，应用 Ricardian 模型、熵权法、Double–Hurdle 模型及内生转换模型，分别对"气候变化对苹果种植户苹果净收益产生影响，且影响具有阶段性差异特征"、"苹果种植户气候变化适应性行为决策是其适应能力与气候变化综合作用的结果"以及"苹果种植户气候变化适应性行为选择是有效的"的理论假设进行验证。具体而言，预期验证的理论假设包括三点。

A. 气候变化对苹果种植户苹果净收益产生显著影响，且这种影响在不同苹果生长阶段具有差异性。

B. 苹果种植户气候变化适应性行为决策是在气候变化诱导下苹果种植户适应能力内生作用的结果，但这种作用结果因不同适应性行为决策而存在差异。

C. 苹果种植户不同气候变化适应性行为选择对其苹果产出及产出风险的影响效应存在差异，但均是有效的。

（3）根据研究结论，以提高区域苹果产业竞争力与苹果种植户适应性行为、增强苹果种植户气候变化适应能力为目标，从政府公共政策层面提出改善区域苹果产业应对气候变化，促进专业化苹果种植户气候变化适应性行为选择的对策与建议。

## （二）研究意义

围绕促进苹果产业可持续发展与苹果种植户收入增长关键问题，归纳气候变化对苹果生产与种植户的影响规律和特征，运用以规范分析与实证分析为核心的研究方法，分析气候变化对区域苹果种植户苹果净收益的影响，总结区域苹果种植户气候变化适应性措施，分析种植户气候变化适应能力及适应性行为决策的影响因素，评价种植户适应性行为效果，具有重要的理论意义和现实意义。

（1）通过分析气候变化对区域苹果种植户苹果净收益的影响程度，评估区域苹果产业气候变化响应程度。这是现阶段关于气候变化影响的研究主题，有助于补充和完善气候变化对多年生、高价值农产品影响的理论体系。

（2）通过归纳区域苹果种植户气候变化适应性措施，揭示苹果种植户适应性行为选择的行为动机、行为倾向和行为特征，构建在气候变化背景下苹果种植户适应性行为理论体系，探索苹果种植户气候变化适应能力与适应性行为选择的逻辑关系，评估苹果种植户气候变化适应性行为选择的有效性。这是现阶段微观主体适应气候变化领域的重要基础研究领域，有助于补充和丰富以经营多年生、高价值农产品为主的农户气候变化适应性行为理论体系。

（3）运用实证研究方法，评估气候变化对区域苹果种植户苹果收益影响机理及苹果种植户气候变化适应能力，分析适应能力与适应性行为决策之间的关系，凝练形成气候变化适应性行为选择及有效性的实证检验的创新性结论，为进一步促进区域产业发展和提高农户适应能力奠定基础。

（4）本研究的现实意义在于揭示气候变化对区域苹果种植户苹果收益的影响程度，识别影响种植户气候变化适应能力与适应性行为选择的关键因素，客观评价苹果种植户气候变化适应性行为选择的有效性，有助于政府从提高苹果种植户不同资本拥有水平的方面改善苹果种植户气候变化适应能力；同时从提高气候变化有关的公共服务水平方面，引导适应性措施有效供给方面改进苹果产业适应性措施市场有效性，形成适应性措施有效供给与适应性措施有效需求相匹配的市场，进而提高苹果种植户气候变化的适应水平。

# 三　文献综述与评价

## （一）气候变化影响研究

### 1. 气候变化对农业的影响研究

学者广泛认为，气候变化通常是指长时期内（月、季、年甚至数百年）气候的平均值或离差值在统计意义上出现显著变化（新华网，2009）。

目前，关于全球气候变化对农业影响研究主要围绕两方面展开：一是自然科学界运用动态数值模拟方法，重点研究气候变化对农作物产生的影响；二是经济学界在农作物产量方程中引入气候因素、社会经济因素，评估气候变化对农业的影响（王丹，2009）。

在自然科学界，气候变化对农业的影响研究主要集中在观测实验和模型模拟研究两个方面（王丹，2009；朱红根，2010；周文魁，2012）。

（1）观测实验研究主要以田间和温室或人工气候室实验为主。包括利用温室或人为控制浓度来研究对作物的影响（Chaudhuri et al.，1990；Finn et al.，1982；林而达、王京华，1997；李伏生等，2003）。由于人为控制实验在气候条件方面与自然条件有较大差异，实验结果未必与自然条件下的响应完全相同（Bowes，1993），因而开放式富集（Free‑air Enrichment）FACE 方法研究开始得到普遍应用（Kim et al.，2001；Okada et al.，2001；黄建晔等，2002；罗卫红等，2003；孙谷畴等，2003）。研究发现，随着大气浓度增加，粮食作物的生理活动和生化反应会发生变化，进而影响粮食产量。

（2）由于气候变化对农作物影响较为复杂，以实验为主的方法难以满足研究需要，因此，以动态模拟方法和经验统计分析为主的方法逐渐发展起来。随着对植物生长机理的理解深入和计算机技术的快速发展，促使作物生长动态模拟模型的出现和发展（Duncan and Kumar，1967）。例如，美国开发的 DSSAT 系列模型，具有类似的模拟过程，已被广泛用于不同气候条件下作物产量的评估研究（Hoogenboom et al.，1999）。20 世纪 80 年代中国学者开始这方面研究（金之庆等，1996）。其中以华南农业大学的计算机水稻模拟（RSM）、江西农业大学的水稻日历模拟模型（RICAM）等影响较大（陈华等，2004）。统计方法基于大数定律和统计假设检验，根据生物量和气候因素建立统计模型进行分析（王丹，2009）。这类研究的优点在于能够简单、方便地预测气候变化对农业影响（Isik and Devadoss，2006；高素华等，1994；杨文坎、李湘阁，2004；张全武等，2003）。Lobell and Asner（2003）在研究气候对美国农业产量影响时发现，温度每上升 1 摄氏度，玉米和大豆产量下降17%；Peng 等（2004）利用 IRRI 农场气象数据和试验田的水稻产量数据，分析产量与夜晚气温的关系，结果表明，作物产量与夜晚气温存在显著逆相关关系。

已有的气候变化对农业影响的自然科学方面的研究只是纯自然的实验方法，没有考虑社会经济因素影响，无法反映农户在应对气候变化条件下的各种调适行为（Kumar and Parikh，2001）。因此，丑洁明和叶笃正（2006）认为仅限于自然科学研究显然会影响研究结论的准确性和科学性，难以充分分析气候变化对粮食生产系统的影响，有些学者也得到了类似结论（Antle and Capalbo，2001）。为此，研究者开始利用经济模型对气候变化影响进行研究，但这类研究成果相对较少（王丹，2009；朱红根，2010）。主要集中在以下两个方面。

（1）以生产函数为基础，构建包括生产要素、气候变化因子、社会经济因素等在内的生产函数经济模型，分析气候变化对农作物产量的影响（Iglesias and Minguez，1997；Mearns et al.，

1996，1997）。Haim 等（2008）利用生产函数经济模型，评估气候变化对小麦、棉花产量影响，结果表明灌溉和增加施用化肥能够减少气候变化对农业影响；Kaufmann 和 Seto（2001）通过构建一个综合自变量，不仅包括玉米关键生长期的气候因素，而且还包括一系列社会经济因素的混合模型，并利用多元回归法分析气候变化对美国玉米产量的影响。而这些研究气候变化仅限于年均或年内气候变量的分配，仅有少数学者考虑较长时间序列的气候变化。例如，You 等（2005）利用 1979~2000 年中国小麦主产省小麦产量与气候因素的面板数据，在 Cobb – Douglas 生产函数基础上构建小麦产量模型，结果表明，气温每上升 1℃使小麦产量下降 0.3%。国内学者丑洁明和叶笃正（2006）提出在经济模型 C – D 生产函数中添加气候变化因子，建立经济 – 气候模型（C – D – C 模型），作为连接气候变化因素和经济变化因素的桥梁，并对该模型性能及合理性进行初步模拟和验证。

（2）以利润最大化原理为理论基础，构建经济学模型研究气候变化对农户收益的影响，其中 Ricardain 模型应用受到重视。类似研究包括以下两方面。一是以宏观农业为研究对象探索气候变化影响（Adams et al. , 1999；Mendelsohn and Reinsborough，2007）。例如，Gbetibouo 和 Hassan（2005）运用 Ricardain 模型研究温度和降水对南非 300 个地区农业净收益影响，结果表明，温度对农业净收益呈正相关，而降水与农业净收益呈负相关。与此研究结论类似，Fleischer 等（2007）利用同样模型评估气候变化对伊拉克农业净收益影响，结果表明，在不考虑灌溉条件下，气候变化对农业净收益有正向促进作用；在考虑灌溉条件下，气候的微小变化对农业净收益有利，但剧烈的气候波动在长期内对农业产生危害。Robert 和 Stephanie（2007）在研究气候变化对瑞士农业影响时采用 Ricardain 模型回归，结果发现气候变化使得瑞士玉米产量增加。Chang（2002）也通过构建气候 – 经济因子模型，评估气候变化对台湾 15 个地区 60 种农作物的影响，结果发现，气候变化对谷类作物有负向影响，而对蔬菜有正向影响。Liu 等（2004）同样利用此模型，基于 1275 个农业大县的横截面数据分析气候变化对农业的影响，结果发现，高温和降雨量增多会对农业产生正面影响，且影响大小随不同季节和地区存在一定差异。二是以微观农户为研究对象探索其受气候变化的影响程度。例如，Kurukulasuriya 和 Mendelsohn（2008）基于 Ricardain 模型，利用 11 县 9500 个农户调查数据评估气候变化对非洲农民年净收益的影响，结果表明，气候变化影响年净收益，以干旱土地对气候变化更为敏感。Reneth 和 Charles（2007）在研究气候变化对津巴布韦小农户农业净收益的影响时，发现气候因素显著影响该地区农户的农业净收益。Passel 等（2012）利用 37612 个农户调查数据评估气候变化对欧洲农业的影响，结果表明，欧洲土地价值对气候变化较为敏感。气候变化特征因季节表现不同，且对农业生产的影响不同。为此，有学者开始关注不同季节性气候变化特征对农业生产的影响。例如 Kabubo 和 Karanja（2007）通过构建季节性 Ricardain 模型，利用肯尼亚 816 个农户截面数据评估气候变化对农户每公顷农作物纯收益的影响。结果表明，全球变暖对农作物产量产生严重影响，特别是温度对农户年纯收益的影响最大；同时发现，温度和降水与农户年纯收益成非线性关系。Wang 等（2009，2014）同样采用 Ricardian 模型，研究气候变化对中国农户的粮食作物生产的影响时发现，气候变化对农业生产的影响存在季度性差异。

2. 气候变化对苹果生产的影响研究

气候变化对不同农作物的影响可能存在明显差异，这也是气候变化对农业影响研究成为学术界关注的热点问题的重要原因。其适宜种植区域、砧木（乔化、矮化）、果品产量及品质与气候条件关系密切（郑小华、刘曜武，2006；魏钦平等，2010），对气候变化的响应更为敏感。近年来，关于气候变化与苹果产业发展的关系研究受到学术界高度关注，但主要集中在气候变化对苹果生产的影响环节。

（1）从自然科学视角研究气候变化对苹果生产的影响，是已有研究成果的重点。近些年来，气候变化导致苹果主产区气候条件发生变化，严重影响苹果生产，已受到学者广泛关注（李美荣等，2009）。李星敏等（2011）采用时间序列分析和专家打分法分析近50年影响陕西苹果产量和质量的主要气象因子及气候变化对苹果生长的适宜性评分，结果发现温度升高、降水减少是影响苹果生长气候适宜性的主要原因。魏钦平等（2010）认为气候变化导致陕西苹果主产区冻害发生频繁，干旱问题加剧，病虫害发生概率上升；李美荣等（2008）利用陕西苹果主产县气象资料及6个苹果物候气象观测资料，分析气候变化背景下陕西苹果北扩主要限制因素——花期冻害在陕西苹果产区的发生风险，并以县为单位将陕西苹果开花期冻害风险分为4个区，即重度风险区、中度风险区、轻度风险区、基本无风险区，提出陕西苹果产业北扩的建议。

由于不同地区自然条件、社会经济条件的差异，气候变化对苹果生产影响的程度也不一致，已有大量学者以某一特定苹果主产区为背景，研究气候变化对苹果生产的影响。杨尚英等（2010）以渭北旱塬地区苹果为研究对象，分析近48年来气候变化对苹果生长的影响，结果表明，该地区气温总体呈上升趋势，降水量有所减少，严重影响苹果生产；马延庆等（2011）研究咸阳苹果产区的气候变化特征，发现温度升高、降水减少是制约苹果生产的主要气候因素，并给出相应对策建议。殷淑燕等（2011）在研究气候变化对洛川苹果物候期的影响时得到相反结论，即气温变化会导致幼果出现早成熟现象，对果实存储有机质有利，有助于提高苹果品质。也有学者基于苹果生长的重要阶段分析气候变化造成的影响，认为 4~5 月气温变化导致苹果减产，7 月气温变化严重影响苹果品质（姚晓红等，2006）。还有学者认为研究气候条件对苹果生产的区域划分较为重要。郑小华和刘曜武（2006）应用模糊综合评判理论和方法，探索运用 GIS 技术进行气候资源评价及苹果气候区划，得到渭北黄土高原是陕西优质苹果生产气候生态区的结论。张旭阳（2010）也通过 GIS 技术按不同时段对陕西苹果进行气候适宜性区划。

（2）从社会经济视角运用经济计量模型研究气候变化对苹果生产的影响，而这类研究成果相对较少。刘天军等（2012）基于陕西 6 个苹果生产县农户调查数据，构建包括气候因素的超越对数生产函数用于分析气候变化对苹果产量的影响，结果表明，温度升高和降雨量减少均正向影响苹果生长。气候变化也会造成中国苹果产业分布的变动，已有研究表明，气温上升使中国苹果生产布局表现出较为明显的"西移北扩"现象（白秀广等，2015a）。此外，气候变化与苹果全要素生产率之间的关系也得到学者关注，他们认为气温和降水量对苹果单产的影响方向相反，其中气温上升正向影响苹果单产，而降水量减少则负向影响苹果单产。两者对苹果全要素生产率的影响因地区不同而不同，其中对环渤海湾地区的贡献率分别为 -81.7%、-16.73%，对黄土高原优势区的贡献率分别为 7.51%、-24.29%（白秀广等，2015b）。

## （二）气候变化适应性研究

气候变化适应性行为及措施可以减缓气候变化的不利影响，因而探讨气候变化适应性措施，成为国际学术界活跃的研究领域（朱红根，2010）。

### 1. 气候变化适应性及其研究特征

关于气候变化适应性，不同学者依据不同侧重点及知识背景等给出了相应的定义（Burton et al.，1978；IPCC，2001；Smith et al., 1996), 但学术界认可度高的气候变化适应性定义包括四个方面的基本要素: 适应对策、适应性行为、适应者(如苹果种植户)、适应效果评价。该定义围绕四个方面的基本要素, 界定气候变化适应性概念, 形成组成气候变化适应性分析框架(Smit et al., 2000), 具体见图1-1。2009年, 经济合作与发展组织(OECD) 发布的适应政策指南中提出适应性评价的四个基本步骤: 界定当前及未来面临的气候风险及脆弱性; 甄别各种可能的适应对策; 评估并选择可行的适应性措施; 评估"成功"的适应行动(Bruin et al., 2009)。

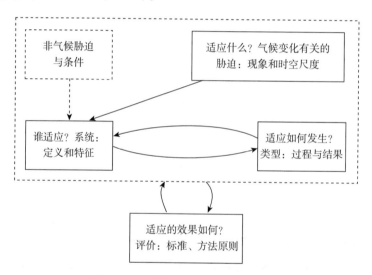

**图1-1 气候变化适应性概念框架**

根据气候变化适应性的定义, 本书主要从四个方面梳理已有文献及研究成果, 并进行比较分析: 一是农业气候变化适应对策研究; 二是农户气候变化适应性行为选择研究; 三是农户气候变化适应能力研究, 四是农户气候变化适应性行为选择的有效性研究。

2. 农业气候变化适应性研究

关于农业适应气候变化的主要措施, 国内外学者已有大量研究。Goodman等(1987)认为, 基因技术可以为农业适应气候变化提供更多可能；Theu 等（1996）认为，选育优良品种是减少气候变化对农作物不利影响的重要适应性措施。李红（1998）在分析气候变暖对中国农业影响的基础上，给出提高农业适应气候变化能力的有效办法包括：一是调整农业结构，发展优良品种；二是改变土地利用模式，调整作物和畜牧制度及农时；三是通过调整管理措施，提高水资源利用效率，防止病虫害；四是改造农业基础设施，大力发展和利用先进技术。USDA（2012）发布的美国农业适应气候变化报告指出，发展耐旱、抗病性强的农作物和牲畜品种，调整农作物轮作制度，改善土壤质量及采取与可持续农业相关的措施，是提高农业适应能力的主要方式。肖风劲等（2006）认为，提高农业科技创新能力，也是提高适应气候变化能力的重要措施。与此研究结论类似，Venkateswarlu 和 Shanker（2009）完成类似研究，认为发展农业技术、提高科技创新能力是适应气候变化的重要举措。

气候变化引起农业生产的外部环境发生明显变化，要提高农业适应能力，就需要深入研究气候变化背景下农业生产的水热资源条件、土壤肥力等变化规律，揭示病虫害暴发特征和气象灾害发生机理，以此提高农业适应能力（覃志豪等，2013）。钱凤魁等（2014）认为气候变化带来的不确定性是农业可持续发展的主要障碍，应当对气候变化造成的农业影响进行深入研究，减少不确定性，进而提高农业适应能力。

近年来，针对苹果产业遭受气候变化的严重影响，有学者提出了一些应对措施。魏钦平等（2010）提出苹果产业适应气候变化的主要措施包括：一是加强学科间合作研究，建立气象灾害监测预警机制；二是加强培育适应气候变化的新品种；三是加强苹果栽培技术管理；四是进一步开展苹果园自然灾害防御装备的研发。与此研究结论相类似，孙尚文和宗锋（2012）也认为加强农业气象服务体系和农村气象灾害防御体系建设是应对气候变化的主要措施。也有学者从不同地区角度分析苹果种植适应气候变化的措施，例如姚晓红等（2006）分析气候变化对天水苹果产业的影响时认为应当加强水肥管理、引进先进的农技管理技术及引进矮化优质品种等适应性措施。冯红利（2010）在分析延安苹果受气候变化影响的基础上，认为苹果产业适应气候变化的主要措施有增加施用有机肥、果园保墒技术、精细修剪及建立相应的低温趋势预报模式等。马延庆等（2011）对咸阳地区苹果生产的气候条件分析之后，认为应当优化苹果品种和种植结构、积极采用综合抗旱节水措施及加强防雹增雨技术体系建设等措施适应气候变化。还有学者分析气候变化对陇东黄土高原典型地区苹果生长的影响，发现气候变化带来的干旱少雨、冻灾频发是影响苹果生长的主要气象因素，应当采取灌水、施肥、熏烟等方法减轻或避免灾害影响（魏钦平等，2010）。此外，冯晓龙等（2015，2016）认为在苹果生长不同阶段苹果种植户适应气候变化措施存在差异，在苹果开花期，种植户主要采用熏烟、喷打防冻剂及灌溉的方式适应花期低温，而在苹果膨大期，种植户主要采用灌溉、覆黑地膜、人工种草或铺秸秆等方式适应持续高温与降水量减少，并建议应当根据作物生长不同阶段研究农户气候变化适应性行为选择。

3. 农户气候变化适应性行为选择研究

农户作为农产品生产的微观主体，在适应气候变化过程中扮演着重要角色，因此，探讨农户气候变化适应性行为选择成为研究的热点和重点。在现有农户层次气候变化适应性行为选择研究中，学者主要以不同适应性措施为研究对象，利用描述性统计方法与计量经济模型，分析农户气候变化适应性行为选择影响因素（Aemro et al.，2012；Kurukulasuriya and Mendelsohn，2006；Nhemachena and Hassan，2007；Seo and Mendelson，2007；Warnera et al.，2015；谭灵芝、马长发，2014；姚升、王光宇，2014）。

综述文献，关于农户气候变化适应性行为选择的研究，主要集中在三个方面。

（1）研究气候变化背景下农户的适应性行为选择类型，重点聚焦于识别不同类型农户在气候变化影响下所采取的应对手段。Smit 和 Skinner（2002）认为农户适应气候变化行为包括改变生产实践与改变生产性金融管理两大类，其中前者包括多样化作物品种、改变农业生产时间及改变灌溉方式等；后者包括多样化收入来源、购买农业保险等。与此研究结论类似，Deressa 等（2009）发现埃塞俄比亚尼罗河流域农民适应气候变化的主要措施包括种植不同种类作物、植树、水土保持、调整种植时间、灌溉等。农户适应气候变化的行为具有目的性（Smit et al.，1999），吕亚荣和陈淑芬（2010）将其划分为主动适应性行为和被动适应性行为，其中前者包括调整作物品种、修建基础设施、采用新技术等，而被动适应性行为则包括调整农时、增加化肥农药投入、增加灌溉等。也有学者根据农户采用适应性行为与干旱发生先后次序将农户适应性行为划分为事前预防性行为（覆膜）和事后补救性行为（增加灌溉量、增加施用农家肥、增加施用化肥等）（冯晓龙等，2015，2016a）。

（2）研究农户在气候变化背景下采用适应性行为的影响因素，其特点是不区分农户的不同适应性措施，仅仅关注影响农户适应气候变化与否的因素。例如刘华民等（2013）研究农牧民气候变化适应性时认为农户收入与农户基本特征是影响农户适应的主要因素；张紫云等（2014a）认为冻灾发生下农户是否采取适应性措施受到政策环境、农户特征、村庄特征及气候变量的影响。认知是行为的基础，已有研究表明农民对气候变化的认知水平与其适应性行为选择密切相关（Ole et al.，2009；赵雪雁，2014）。例如 Grothmann 和 Patt（2005）以赞比亚农民为研究对象，验证风险认知对农民应对干旱风险的适应性行为具有显著影响。与研究结论相类似，吕亚荣和陈淑芬（2010）认为影响山东德州农民采取适应性行为的主要因素是农户对气候变化认知和性别。有学者认为个体的认知水平在地区间存在差异，农业生产经验丰富地区的农民比较关注气候变化，对气候变化的认知水平就较高（Michlik and Espaldon，2008）。而 Maddison（2006）则认为农户对气候变化的适应性行为存在两步过程，首先是农户对气候变化的认知，在此基础上，才是农户对气候变化采取适应性行为过程。为此，朱红根和周曙东（2011）利用 Heckman Probit 选择模型分析中国南方稻区农户气候变化感知与适应性行为及其影响因素，研究发现影响农户采取适应性行为的因素包括农户个体特征、社会资本、信息可获性及外部气候环境。与此研究结论相类似，Deressa 等（2009）在研究埃塞俄比亚农户适应气候变化行为时，认为温度和降水量对农户采取适应性行为有显著影响。有学者认为农户采用适应性行为是复杂的心理过程，个体适应要经过 3 个相互关联的阶段，即观察、感知和行动，且前一阶段是后一阶段的基础（Bohensky et al.，2012）。Dang 等（2014）认为农户采用气候变化适应性行为是一种心理决策过程，农户气候变化风险认知、气候变化信念、主观规范、适应性措施有效性认知、适应激励等因素影响其采用的适应性行为。与此研究结论一致，Truelove 等（2015）发现农户对适应性措施有效性认知、干旱风险感知及社会因素是影响其采用气候变化适应性行为的关键因素。除此之外，有学者从气候变化适应性决策选择与适应性措施采用强度（适应强度）两个方面，考察影响农户行为选择的限制因素，结果发现合作组织参与、家庭劳动力人数、技术培训参与频率、政府信息披露对促进农户适应性决策选择，而户主年龄、苹果树龄抑制农户决策；合作社组织参与、苹果种植面积及收入正向影响农户适应性措施的采用强度，而果园基础条件负向影响采用强度（冯晓龙等，2016c）。

（3）农户适应性行为选择受外部约束条件影响存在差异。为了寻找这种差异，学术界以不同适应性措施为对象，研究农户采用不同适应性措施的影响因素，构成农户气候变化适应性行为选择研究第三个方面。例如 Deressa 等（2009）认为埃塞俄比亚尼罗河流域农民适应气候变化的主要措施包括使用不同种类作物、植树、水土保持、调整种植时间及灌溉，且多元 Logit 模型结果显示，影响农户选择各类适应性措施的关键因素有户主个体特征、信贷行为、气候变化信息来源、社会资本及环境因素等。与此研究方法相类似，Tazeze 等（2012）同样运用 Mogit 模型分析影响埃塞俄比亚农民适应气候变化的因素，主要包括农户基本特征、信贷行为、市场距离及农民交流方式等。也有学者根据适应目的将适应性行为进行归类，并研究农户采用的影响因素。例如，吕亚荣和陈淑芬（2010）分析山东德州农户气候变化的适应性行为时，将其分为主动与被动适应性行为两类，并运用 Mogit 模型进行实证分析，结果发现农民对气候变化的认知、年龄和受教育程度是影响其采取主动适应性行为的关键因素。冯晓龙等（2015）在关注苹果种植户气候变化适应性行为时，根据农户适应时机将其划分为事前预防性与事后补救性行为，研究发现，种植户的事前预防性行为选择受到村庄层次的乡镇距离、苹果种植面积占比、气象服务、农户的文化程度、社会经历、苹果种植面积、果园灌溉条件及气候变量的县年平均温度等因素影响，而种植户事后补救性行为选择受到村庄苹果种植面积占比、机井个数、技术人员拥有情况、农户的风险类型、气象灾害程度认知、立地类型、果园灌溉条件及气候变量的县年平均温度等因素影响。不同气象灾害导致适应性措施不同，为此，有学者研究不同气象灾害条件下农户的适应性行为。例如，张紫云等（2014b）在综述政策支持和农户适应性措施的基础上，将适应性措施归为工程和非工程类两大类，并运用 Mogit 模型研究农户采用这两种措施的影响因素，结果发现政府在农户采用工程类措施中起主导作用。冯晓龙等（2016a）关注干旱条件下农户的适应性行为，发现合作社参与、农户认知等对预防性适应性行为的采取有正向作用；农户认知、果园灌溉情况、信息可获性、便利地域位置、村庄有技术员等对种植户采取补救性适应性行为有正向作用。Wang 等（2014）在分析极端气候事件下农户适应性行为选择的影响因素时，认为家庭与社区资产是促进农户适应性行为选择的重要因素。

4. 农户气候变化适应能力研究

在气候变化适应性研究过程中，农户气候变化适应能力的研究逐渐受到学术界的关注。农户适应能力是指农户应用自身资产应对外部风险冲击的能力（Ellis，2000；Nelson et al.，2007a），其驱动要素、决定因子是影响农户适应气候变化的关键（方一平等，2009）。但如何正确测度农户适应能力是这类研究所面临的首要问题。许多学者认为可持续生计分析法提供了一个研究农村家庭气候变化适应能力的视角（Ellis，2000；Hammill et al.，2005；Nelson et al.，2007b，2010），该方法也成为现阶段学者研究农户适应能力的重要方法。例如 Brown 等（2010）利用可持续生计方法分析澳大利亚新南威尔士州农村社区气候变化适应能力，认为该方法能够有效测度家庭的适应能力，且有其应用推广价值。与此研究方法类似，Park 等（2012）利用该方法研究太平洋区域各个国家农户气候变化适应能力，发现社会资本、人力资本及自然资本是影响农户适应能力的重要方面。国内学者也开始利用可持续生计方法研究农户气候变化适应能力。例如胡元凡等（2012）以宁夏盐池县 GT 村为例，利用生计资本分析影响农户适应能力的主要因素，研究表明人力资本、自然资本及物质资本缺乏是限制农户适应能力提高的主要因素。在此基础上，田素妍和陈嘉烨（2014）基于生计资本理论，实证检验养殖户气候变化适应能力与适应性决策之间的关系，发现物质资本、金融资本、社会资本、人力资本不同程度上影响养殖户气候变化适应性决策。与此研究方法类似，赵立娟（2014）同样利用可持续生计框架论证干旱条件下农户适应能力，研究结果发现，储蓄类资产、人力资本和社会资本的增加提高农户气候变化的适应能力。也有学者认为农户气候变化适应能力与农户气候变化脆弱性是相互影响的（Gentle and Maraseni，2012）。例如 Hahn 等（2009）指出农户的适应能力大小反映其面对气候变化的脆弱性，并开发出基于生计资本的农户生计脆弱性指标。除了关注农户的气候变化适应能力之外，有些学者开始关注农户的自然灾害适应能力。例如，Moench 和 Dixit（2004）、Rawadee 和 Areeya（2011）在考察南亚、泰国农户针对洪涝灾害的适应能力时，认为农户家庭的适应能力应当包括基础设施指标、经济指标、技术指标、社会资本、技能和知识等五个方面，并发现农户社会资本、金融约束及技能和知识等方面的缺乏限制家庭的适应性决策。与此研究内容类似，Daramola 等（2016）同样利用这五个方面指标描述尼日利亚农户家庭的自然灾害适应能力，结果显示，适应能力缺乏会增加自然灾害对农户家庭产生的影响。

以上研究充分说明，农户气候变化适应能力研究已成为农户适应性行为研究领域的热点问题，但仅关于气候变化背景下个体适应能力对适应性行为决策的影响研究关注甚少。其中 Grothmann 和 Patt（2005）通过构建微观个体适应气候变化的社会认知理论框架，利用德国和津巴布韦农户调查数据，论证个体适应能力是影响其适应气候变化的关键因素，而很多研究忽略适应能力的作用。

**5. 农户气候变化适应性行为选择有效性研究**

农户作为农业生产的微观个体，为了降低气候变化给农业产出带来的不利影响，采用一系列适应性措施。在这个过程中，气候变化适应性措施的有效性显得尤为重要，主要包括适应性措施对农户农业产出的影响及有效性问题。目前，针对农户气候变化适应性行为选择对其产出的影响及其有效性，学术界开展了一系列研究。由于农户气候变化适应性行为选择的目的是实现气候变化风险下家庭收益最大化，因此，这类研究主要从农户适应性行为选择对其农业产出水平及其产出风险两个维度展开讨论。

（1）农户适应性决策对其产出的影响研究。例如，Falco 等（2011）、Yesuf 等（2008）以埃塞俄比亚农户为研究对象，利用内生转换模型分析农户气候变化适应性决策对其农业产出的影响，结果表明适应性决策能够增加农户农业产出。与此研究结论类似，Wang 等（2014）以中国广东、陕西及青海三省农户为研究对象，分析气候变化背景下极端天气事件的农户适应性行为时，发现农户适应性行为的采用能够有效提高农户的农业产出。不同适应性措施对农户产出的影响可能存在差异，为此，Foudi 和 Erdlenbruch（2012）以法国农民作为研究对象，分析灌溉措施在农户农业生产中应对干旱风险的作用，研究发现，灌溉农户比未灌溉农户平均产出水平高。Shiferaw 等（2014）以埃塞俄比亚农户为研究对象，分析气候变化背景下农户小麦品种改良对家庭食品安全性的影响，结果发现，农户小麦品种改良能够提高家庭食品安全性。与此研究内容类似，Khonje 等（2015）以赞比亚东部地区农户为研究对象，研究气候变化背景下农户玉米品种多样化的影响时，认为玉米品种多样化能够提高农户农业收入与食品安全性。中国学者田素妍和陈嘉烨（2014）以养殖户为研究对象，分析气候变化应对策略与利润之间的关系，实证结果表明，养殖户不同应对策略对利润的影响方向不一致。

（2）探讨农户适应性决策对其农业产出风险的影响。例如，Falco 等（2011）基于埃塞俄比亚的尼罗河流域微观农户数据，首先采用矩方法估计农户产出下行风险，在此基础上利用内生转换模型分析农户气候变化适应性行为选择对农业产出下行风险暴露度的影响，发现农户的气候变化适应性行为选择能够有效降低产出下行风险暴露度。与此研究结论类似，Huang 等（2014）同样利用矩估计法评估极端天气影响下农户的农业产出风险与下行风险，并利用内生转换模型分析农户适应性决策对农业产出、产出风险及下行风险的影响，结果表明，农户的极端天气适应性决策不仅能够增加农业产出，而且能够有效降低农业产出的风险和下行风险。不同适应性措施对农户产出风险的影响差异较为明显，这在已有研究中有所体现。例如，Falco 和 Chavas（2009）以埃塞俄比亚农户为研究对象，采用矩估计方法估计农户产出下行风险，并分析气候变化背景下农户农作物多样化与风险暴露之间的关系，结果发现，农户多样化农作物品种能够降低产出下行风险水平。与此研究结论类似，Foudi 和 Erdlenbruch（2012）以法国农民为研究对象，分析灌溉措施在农户农业生产过程中应对干旱风险的作用，研究发现，灌溉农户的收益方差低于未灌溉农户的收益方差。此外，有学者关注了农户气候变化适应性行为选择与收入、效率之间的关系，例如，冯晓龙等（2016b）利用空间 Durbin 模型分析农户气候变化适应性行为选择对其收入的影响，发现适应性行为选择及其空间溢出效应对生产性收入具有正向促进作用。宋春晓等（2014）通过构建 Translog 前沿生产函数模型推导出灌溉效率，并建立农户气候变化适应性行为选择对灌溉效率影响的模型，实证结果表明灌溉水源和设施、家庭生产收入、耕地规模和气候变化等均显著影响农户的灌溉效率。

## （三）已有研究评价

综合已有研究发现，国内外学术界在气候变化对农业的影响机制与农户气候变化适应性研究两个方面形成较为完善的理论体系，具体表现在以下两个方面。

（1）关于气候变化对农业的影响与农业气候变化适应对策的研究主要集中在以一年生农作物为系统方面，例如水稻、小麦、玉米等农作物系统对气候变化的响应。这类研究主要基于生产函数理论、利润最大化理论分析气候变化对农业影响程度，分析农业对气候变化的响应程度。由于苹果种植户作为理性经济人，其在气候变化背景下追求利益最大化的目标不变，因而基于利润最大化理论分析气候变化对苹果生产的影响是适用的，这也为本书研究气候变化对苹果产业影响提供重要的理论参考。从研究方法来看，超越对数模型、Ricardain 模型及 GIS 技术为设计气候变化对苹果产业影响模型提供重要参考，而归纳法为总结苹果种植户气候变化适应性措施提供重要方法参考。

（2）关于农户气候变化适应性研究，主要关注以种植一年生农作物为主的农户在生产过程中适应对策、适应能力、适应性行为选择的有效性评估。这类研究从理论和实证两个方面为本研究提供借鉴：从理论体系方面看，大多数研究者将利润最大化理论、技术选择理论及期望效用理论引入农户适应性行为理论研究和实证研究中，具有客观性、规律性和可重复性。这些理论体系和思维方法对研究苹果种植户适应性行为的动机、特征、效果等具有重要理论参考价值。从实证方法方面看，离散选择模型、多元回归模型、熵权法、内生转换模型等，对本书设计苹果种植户适应能力、适应性行为决策及适应有效性评估的定量模型具有重要应用参考价值。

与粮食作物相比，苹果属于多年生的商品化和市场化程度高的高价值农产品，其生产经营过程具有市场化、专业化特征。同时，苹果生产过程凝结更多科学技术，生产较为复杂，专用性投资水平较高，对气候变化也更为敏感，这使得苹果种植户对气候变化适应性措施的需求更为迫切。从已有的气候变化适应性理论研究领域来看，农户气候变化适应性行为理论体系研究尚存在不足之处，主要表现在以下两点。

第一，理论上就气候变化对农业产业的影响及农户气候变化适应性行为的认识还不够系统。已有研究对象主要为粮食作物或畜产品，分析气候变化对这类农作物的影响及以种植这类农作物为生的农户气候变化适应性行为，而就气候变化对多年生农产品影响程度及其微观农户适应性决策方面的基础研究和定量研究关注甚少（周洁红等，2015）。与一年生农作物相比，苹果作为多年生、高价值农产品，在种植过程中形成以果树及其配套设施为主的专用性资产，这意味着苹果种植户很难再将这些专用资产转移从事其他农业生产活动，导致苹果种植户对气候变化风险更加敏感与脆弱，使得苹果种植户适应气候变化的行为选择更为迫切，也更为关键。在此过程中，气候变化对苹果生产的经济学影响以及以种植苹果为生的农户在自身家庭禀赋、资源、环境、市场等条件约束下的气候变化适应性行为选择动机、行为倾向，理论界尚无系统性研究。

第二，理论体系不健全。农户气候变化适应性行为包括决策、采用及其效果评估，这是既密切相关又互有差别的环节，每个环节受到不同因素的影响，也同样需要相应的理论加以指导。国内外已有研究更注重关注农户气候变化适应性行为采用阶段的研究，而农户气候变化适应能力与适应性行为选择之间的影响机理及农户适应性行为选择的有效性评估与成本收益分析理论需补充完善。此外，由于气候变化的季节性特征差异明显，使得农户适应性行为特征、行为动机及其有效性存在较大差异，需要加以区分。已有研究更倾向于关注农户气候变化适应性行为选择，缺乏对因气候变化季节性特征导致的农户适应性行为及其有效性差异的系统研究。

基于以上分析，本书以苹果种植户为研究基本单元，以苹果种植户气候变化适应性行为为研究对象，以新古典经济学、农户经济学理论为指导，围绕促进苹果产业与专业化农户收益可持续的问题，采用规范分析与实证分析相结合的研究方法，构建气候变化对区域苹果种植户苹果净收益影响的理论模型，探索应对不同苹果生长阶段气候变化特征的适应性措施，揭示种植户气候变化适应能力，识别影响专业化苹果种植户气候变化适应性行为选择机制，评估种植户适应性行为有效性，研究政府公共政策切入点和政策干预机制，具有重要的理论和现实意义。

# 四 研究内容

在气候变化背景下，按照规范分析与实证分析相结合的研究方法，利用气象资料和实地调查数据，研究苹果种植户气候变化适应性行为理论体系、气候变化对区域苹果种植户苹果净收益的影响、苹果种植户气候变化适应能力、苹果种植户适应性行为决策及适应性行为选择有效性。具体研究内容规划如下。

## （一）苹果种植户气候变化适应性行为理论分析

在气候变化、适应性及苹果种植户概念界定基础上，运用规范分析方法，利用微观经济学理论，梳理气候变化对苹果生产的影响机理，建立气候变化对苹果生产影响的理论模型，并形成理论假设；将可持续生计理论引入分析苹果种植户气候变化适应能力，探索影响苹果种植户适应能力的关键特征；将风险下农户生产决策理论与气候变化适应性理论结合，界定苹果种植户气候变化适应性行为，揭示苹果种植户适应性行为选择行为动机、行为倾向，以及苹果种植户在自身适应能力与区域要素禀赋约束下适应性行为特征，建立苹果种植户气候变化适应性行为理论体系，并形成有待实证检验的理论假设：气候变化是影响苹果种植户苹果净收益的外部风险因素，苹果种植户气候变化适应性行为决策是苹果种植户适应能力与气候变化综合作用的结果，苹果种植户气候变化适应性行为选择是有效的。

### （二）苹果种植户气候变化适应性行为实证分析

本书基于陕西 8 个苹果基地县气候数据及苹果种植户实地调查数据，围绕气候变化对苹果种植户苹果收益的影响、苹果种植户适应能力、适应性行为决策影响机制及其有效性，开展四个方面研究。一是梳理苹果生长重要阶段气候变化因素，依据微观经济学理论分别建立包含年度及不同苹果生长阶段气候因素在内的苹果种植户净收益 Ricardian 模型，测算气候变化对陕西苹果种植户苹果净收益的经济影响，识别影响苹果种植户净收益的关键气候因素，从而验证气候变化对苹果种植户苹果净收益具有影响的理论假设。二是以苹果种植户为研究对象，构建基于可持续生计资本的种植户气候变化适应能力理论框架，运用熵权法赋予各个指标权重，以此测算苹果种植户气候变化适应能力，并识别影响苹果种植户适应能力的主要因素。三是综合新古典经济学、农户经济学、行为经济学等学科内容，构建苹果种植户适应性行为决策理论模型，经验性地提出影响种苹果种植户适应性行为决策机理，运用 Double - Hurdle 模型，分析气候变化、适应能力、市场条件、村庄环境及农作物属性对苹果种植户气候变化适应性行为决策选择与采用强度的贡献，从而验证外部气候风险、市场条件、村庄环境及农作物属性是诱导苹果种植户适应气候变化的外部条件，苹果种植户适应能力是诱导苹果种植户气候变化适应性行为决策的内部条件的理论假设。四是借鉴气候变化适应性措施对农业产出影响的相关理论与方法，运用内生转换模型对苹果种植户不同适应性行为选择的影响进行分析，探讨不同气候变化适应性行为选择对苹果种植户的苹果产出及其风险的影响效应，以此验证苹果种植户气候变化适应性行为的选择能够增加其苹果产出水平，降低产出风险的理论假设，在此基础上，采用成本收益法评估苹果种植户不同适应性行为选择的有效性，以此验证苹果种植户气候变化适应性行为选择具有有效性的理论假设。

### （三）苹果种植户气候变化适应性行为研究结论与建议

本部分主要围绕政府公共政策在提高专业化苹果种植户适应能力及适应性行为选择过程的作用，提出相应的对策建议。研究发现，气候变化是影响苹果种植户苹果净收益的关键外部风险因素，且这种影响呈现季节性特征，苹果种植户气候变化适应能力整体较低，气候变化和苹果种植户适应能力在苹果种植户适应性行为决策过程中产生显著影响，苹果种植户气候变化适应性行为选择是有效的。但是受到内、外部条件约束，苹果种植户适应气候变化水平依然较低。基于此，提出区域苹果产业应对气候变化对策建议，主要包括应当从加大力度推广适宜农作物生长特性的适应性措施、积极培育新型经营主体、加快村庄信息化建设、加强农业水利基础设施建设、引导密闭果园改造等方面着手解决苹果种植户外部约束，应当因地制宜地采用有效的差异化手段提高苹果种植户不同资本拥有水平解决种植户的内部约束，才能稳步提高苹果种植户适应气候变化的积极性，推动区域苹果产业可持续发展。

## 五　技术路线、研究方法及数据资料

### （一）技术路线

本研究遵循先总体设计后专题研究，运用以规范分析和实证分析为主的研究方法，在综合国内外研究成果和实地调查观察基础上，明确本书研究对象、研究主题、设计研究目的及规划研究内容。在苹果种植户、气候变化及适应性概念分析的基础上，结合微观经济学、农户行为理论及气候变化适应性理论提出苹果种植户气候变化适应性行为理论分析框架，并形成理论假设。经过导师、专家论证后，进一步研读国内外文献，把握前沿成果，完善理论框架和研究方法，并设计抽样方案，对样本区域苹果种植户进行实地调查。在统计数据和网络平台的基础上，结合微观实地调查，获取研究所需的支撑数据。在理论框架指导下完成对数据资料处理分析，完成实证分析，并依据实证研究结果提出政策建议。本书所采用具体技术路线如图 1 - 2 所示。

## （二）研究方法

本研究主要基于分析与综合相结合设计思路，综合运用规范分析与实证分析等方法进行研究。具体而言，有以下两个方面。

（1）运用规范分析方法，分析和界定气候变化、苹果种植户、适应性适应能力等概念，在此基础上，界定苹果种植户气候变化适应性行为及其特征，归纳苹果种植户在苹果生长不同阶段采用的适应性措施，结合农户经济理论与气候变化适应性理论，揭示苹果种植户适应性行为选择动机、行为倾向，苹果种植户适应能力，苹果种植户在内部、外部约束下的适应性行为特征及其有效性，建立苹果种植户气候变化适应性行为理论分析框架。

（2）运用实证分析方法，探索气候变化对区域苹果种植户苹果收益的影响方向与程度，苹果种植户气候变化适应能力，苹果种植户适应性行为决策机理及适应性行为选择的有效性评价。

具体的实证研究方法包括以下四点。

第一，Ricardian 模型。依据苹果生长过程的不同阶段，建立包含年度与不同阶段气候变化特征的苹果种植户苹果净收益模型，分析气候变化对陕西苹果种植户苹果净收益的影响方向及影响程度，综合评估气候变化对苹果种植户苹果生产的影响。

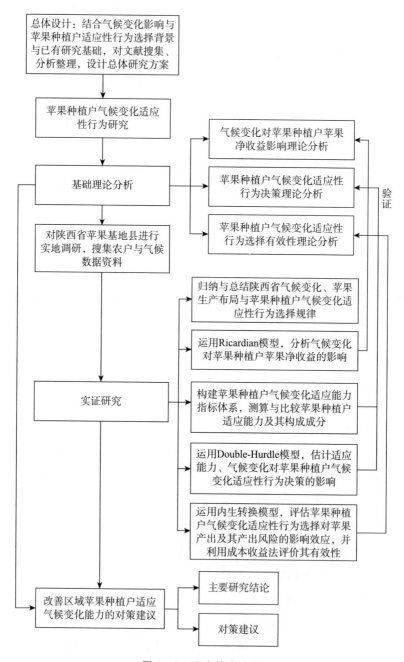

**图 1 - 2  研究技术路线**

第二，熵权法。运用规范分析方法，构建苹果种植户气候变化适应能力指标体系，并利用熵权法赋予权重，从而能够定量地对苹果种植户适应能力进行评价，并识别影响苹果种植户适应能力的关键因素。

第三，Double - Hurdle 模型。采用 Double - Hurdle 模型分析种植户适应能力、气候因素及其变化、市场环境、生产特征及村庄环境等与苹果种植户气候变化适应性行为决策之间的关系，判断上述因素对苹果种植户适应性行为选择与采用强度的影响方向及影响程度，进而了解苹果种植户气候变化适应性决策机理。

第四，内生转换模型。利用矩估计方法估计苹果种植户苹果产出风险，构建苹果种植户适应性决策与产出及其风险的内生转换模型，通过实证结果判断，与未适应苹果种植户相比，适应苹果种植户的产出水平与产出风险的变化方向与程度，在此基础上，利用成本收益法判断苹果种植户不同的适应性行为选择的有效性。

### （三）数据资料与调查方案设计

本研究关于气候因素及其变化的相关数据主要来源于《陕西统计年鉴》、中国气象数据网及各样本县气象局，以此获得苹果种植户所在样本县域的年度及季度气候数据。苹果生产布局等所涉及数据来源于《中国农村统计年鉴》《陕西统计年鉴》，辅助网络数据平台获取资料。关于气候变化条件下苹果种植户适应性行为选择及其影响因素所涉及的数据以微观调查数据为主。

本研究是以黄土高原苹果优势区——陕西专业化苹果种植户为研究对象。苹果产业作为陕西主导产业，已成为农村地区农户增收的重要来源。截至 2014 年，陕西苹果种植总面积达到 1022.7 万亩，产量约为 988 万吨，均居全国第一，总产量分别约占全国的 1/4、世界的 1/7（冯晓龙等，2015；赵正永，2015）。

但近年来气候变化已经对陕西苹果生产带来巨大压力和严峻挑战，不仅威胁苹果产业发展，而且加剧了苹果种植户收入波动性（冯晓龙等，2015；魏钦平等，2010）。截至目前，陕西苹果基地县达到 30 个，主要分布于宝鸡、咸阳、渭南、延安及铜川等 5 个地区。因此，为了使调查样本具有代表性，本研究采用分层抽样的方法进行样本选择。

具体的抽样步骤包括以下两个方面。

第一步，确定样本县单位容量及抽样方法。县（市）的样本容量 $n_1$ 由统计学大样本容量的确定原理有：

$$n_1 = \left( \frac{u_\alpha v}{1 - p_c} \right) \tag{1-1}$$

其中 $u_\alpha$ 表示当估计可靠性为 $1 - \alpha = 0.95$ 时，$u_\alpha = u_{0.05} = 1.96$，$v$ 为变异系数，本例取 $0.28$；$p_c$ 为抽样估计精度，在社会经济方面抽样估计中要求达到 $0.8$，本书取 $0.8$，由此计算出 $n_1 = 8$。具体的样本县确定包括两个步骤：一是先按照自然分区，将陕西苹果基地县分为渭北黄土高原优生区与陕北丘陵沟壑适生区两大区域；二是在每个区域通过概率与规模成比例的抽样方法（PPS 抽样）确定样本县。具体见表 1-1。

第二步，确定农户抽样方法及样本容量。在确定样本县后，第二层样本点计算公式为：

$$n_2 = \frac{Z_a p(1-p)}{\Delta^2} \tag{1-2}$$

上式中，令置信度 $a = 0.01$，那么临界值 $Z_a = 2.58$；再令发生概率 $p = 0.8$，抽样误差 $\Delta$ 控制在 $2.5\%$ 以内，可得农户层次的样本容量为 660。农户的抽样方法为，在各样本县以随机抽样方式随机选取 2~3 个样本乡（镇），在各样本乡（镇）再以随机抽样方式随机选取 2~3 个样本村，然后在每个村随机选取 15~16 个农户作为调查对象。国家苹果产业技术体系产业经济研究室组成的博硕士研究生调查团队于2015年6～8月进行苹果种植户与村庄的资料收集工作，共完成村级问卷51份，665户样本种植户，其中种植户有效问卷663户，有效率为99.70%。具体样本分布见表1-1。实地调查采取问卷调查与典型访谈相结合，农户问卷调查涉及苹果种植户基本特征、生产、销售、气候变化影响及苹果种植户适应性行为认知与采用等方面，村庄问卷主要包括村庄的基本特征、苹果产业情况、气候变化及适应性措施采用情况。正式调查采取调查员入户面对面访谈形式，重点对果农专业合作社负责人、村干部等进行访谈。在正式调查之前，分别选取宝鸡市千阳县、咸阳市的乾县作为调查区域进行预调查，以保证问卷设计的科学性与实用性。此外，在问卷调查过程中，及时对每份调查问卷进行集中检验与审查，以保证问卷数据的完备性与准确性。

表1-1　样本分布

单位：个，户

| 地级市 | 延安 | | | | 渭南 | 咸阳 | | | 合计 |
|---|---|---|---|---|---|---|---|---|---|
| 样本县 | 宝塔 | 宜川 | 富县 | 洛川 | 白水 | 长武 | 彬县 | 旬邑 | |
| 村庄 | 6 | 7 | 8 | 8 | 6 | 5 | 6 | 5 | 51 |
| 农户 | 79 | 85 | 87 | 82 | 84 | 81 | 82 | 83 | 663 |

## 六　本书创新之处

（1）选题具有特色。国内外学术界现有关注气候变化对水资源、农业系统、粮食作物影响的研究成果较多，而针对多年生高价值农产品的研究较少。同时多数研究从自然科学角度开展研究，缺乏经济学视角的分析。本书以多年生、高价值农产品——苹果为例，将气候学、农业科学及经济学结合起来，从交叉学科的角度考察气候变化对区域苹果生产的影响，在此基础上，从微观视角系统分析苹果种植户气候变化适应性行为，在研究选题上具有特色。

（2）理论分析体系具有创新。以多年生、高价值农产品——苹果为例，针对苹果不同生长阶段敏感气候的差异性，建立气候变化对不同生长阶段苹果生产的影响、不同生长阶段苹果种植户气候变化适应性行为选择及有效性的理论分析体系，具有创新性。

（3）在研究结论方面，围绕气候变化对区域苹果种植户苹果净收益的影响与苹果种植户气候变化适应性行为及有效性，采用以规范分析与实证分析为主的研究方法，形成的创新性结论包括以下几点。

第一，通过构建计量经济学模型评估气候变化对苹果种植户苹果净收益的影响。研究的创新结论为：气候变化是影响苹果种植户苹果经营性净收益的关键外部因素，且这种影响表现出显著的阶段性差异。与同类研究成果相比，本书在考虑多年生农作物属性的基础上，从时间维度构建包括年度与不同苹果生长阶段气候因素及其变化在内的苹果种植户苹果净收益方程，验证了气候因素及其变化是约束专业化苹果种植户苹果收益增加的外部风险因素，且约束具有阶段性差异。

第二，通过构建苹果种植户气候变化适应能力指标体系，测算苹果种植户气候变化的适应能力，探索影响种植户适应能力的主要因素。研究的创新结论为：苹果种植户气候变化适应能力整体不强，低适应能力种植户占比超过二分之一，其中农业劳动力数量、受教育程度、劳动能力、参加技术培训次数等是影响苹果种植户适应能力的重要因素。与同类研究成果相比，本书从微观层次构建的农户气候变化适应能力指标体系，揭示了限制苹果种植户气候变化适应能力提高的特征，有助于应用可持续生计理论，研究解决农户气候变化适应能力问题。

第三，运用 Double – Hurdle 模型分析苹果不同生长阶段苹果种植户不同气候变化适应性行为决策选择与采用强度的影响因素。研究的创新结论为：气候因素及其变化是诱导苹果种植户进行适应性行为选择的外部信号。适应能力是苹果种植户适应性决策的内生约束。农作物属性、市场环境、村庄公共服务是苹果种植户气候变化适应性决策的外生约束。与同类研究成果相比，本书形成了有效的苹果种植户气候变化适应性行为决策的分析框架，揭示了影响苹果种植户适应性行为决策的内、外部约束条件，有助于丰富农户气候变化适应性行为决策机制的研究内容。

第四，利用矩估计方法估计苹果种植户的产出风险，其次运用内生转换模型评估苹果种植户不同适应性行为选择对其产出与产出风险的影响效应。研究的创新结论为：不同适应性行为选择对苹果种植户苹果产出水平及其产出风险的作用效果差异明显，其中苹果膨大期种植户适应性行为选择的影响效果最为明显。与同类研究成果相比，本书从微观层次系统地评估苹果种植户不同气候变化适应性行为决策对其产出及其产出风险的影响，并比较分析不同适应性行为选择的有效性，有助于研究解决以种植其他农作物为生农户的气候变化适应性行为选择的有效性问题。

▶ 第二章
# 苹果种植户气候变化适应性行为
# 理论分析

本章在界定苹果种植户气候变化适应性行为选择的基础上，揭示苹果种植户适应性行为选择的动机与倾向。探索构建一个在气候变化外部风险的影响下，包括苹果种植户气候变化适应能力、适应性行为决策及适应性行为选择有效性在内的苹果种植户气候变化适应性行为的理论分析框架，为第四章至第七章的实证检验奠定理论基础。

## 一　苹果种植户及特征

农户是人类社会结构中最基本的经济组织，是农业生产及农产品销售的基本单元（王静，2013）。由于农业不同的产业特征，从事农业生产的农户逐渐分化为普通农户、专业化农户两类。其中，普通农户是指在从事农业生产经营的同时，将部分资金、劳动力等生产要素投向非农产业就业。专业化农户具有以专业化商品生产为主、生产项目高度集中、单一农产品销售收入占农业总收入的比重超过 50％ 等特点（侯建昀、霍学喜，2016；张晓山，2008），按经营内容可以分为专业种植户、养殖户等类型（张晓山，2008）。

苹果是市场化和商品化程度高的高价值农产品，其生产经营过程具有专业化特征。因此，借鉴已有研究（王静，2013），本书界定的苹果种植户属于专业从事苹果生产经营的农户，即是以商品经济为基本特征，以农民家庭为基本单元，从事苹果专业化生产、销售等经济活动，并以苹果销售收入为主要家庭收入来源的经营主体。实地调查显示，苹果种植户的苹果销售收入占家庭总收入的比重达到71.38%，为专业化农户的典型代表。此外，由于苹果具有的多年生属性，生产过程更为复杂，专用性投资水平也较高，为降低外部气候变化风险的影响，苹果种植户对气候变化适应性措施的需求也更为迫切。

为把握样本种植户基本特征，本书从户主性别、年龄、受教育程度，家庭劳动力人数、种植规模、种植年限、家庭苹果收入占家庭总收入比例等方面对样本苹果种植户进行描述性分析。

（1）苹果种植户家庭户主以男性居多。在样本苹果种植户中，男性户主比例为98%，女性比例为2%，男性户主比重远高于女性，这符合中国传统农村情况。

（2）苹果种植户呈现老龄化趋势。从户主年龄分布情况来看（见图2-1），户主最小年龄为24岁，最大年龄为75岁，年龄跨

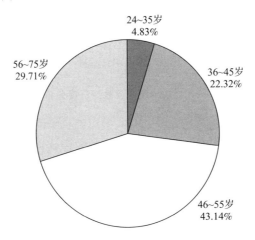

**图2-1　样本种植户年龄分布情况**

度为 51 岁，其中 46～55 岁户主比例最高，达到 43.14%，56～
75 岁的户主比例次之，为 29.71%，而小于等于 45 岁的户主比例
为 27.15%，数值最低。因此，从户主年龄分布来看，苹果种植
户老龄化现象较为明显。

（3）苹果种植户以初中文化水平为主。从户主受教育程度分
布情况来看（见图 2 - 2），样本苹果种植户中户主的受教育程度
以初中文化水平为主，占总样本的 53.85%；文化水平为小学与
高中的户主比例较为接近，分别为 19.76%、18.40%；没有接受
过任何教育的户主比例为 6.33%，而大专及以上文化水平的户主
比例仅为 1.66%。因此，从户主受教育程度分布来看，苹果种植
户主要以初中文化水平为主，属中等水平。

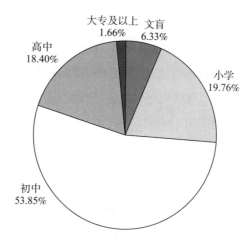

**图 2 - 2　样本种植户受教育程度分布情况**

（4）苹果种植户家庭劳动力人数以两人为主。从家庭劳动力
人数分布情况来看（见图 2 - 3），样本苹果种植户家庭主要劳动
力人数为 2 人，占到总样本的 76.62%，而家庭中劳动力人数超
过 3 人的家庭比例仅为 14.33%，同时劳动力人数仅为 1 人的比
例为 9.05%。因此，从劳动力人数分布来看，当前苹果种植劳动
力以家庭夫妻两人为主。

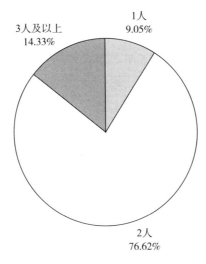

**图 2 - 3　样本种植户家庭劳动力分布情况**

（5）苹果种植户苹果种植规模以 6～10 亩居多。从苹果种植规模分布情况来看（见图 2 - 4），样本农户中，苹果种植规模在6～10 亩的农户比例为 41.78%，种植规模小于 5 亩的比例为31.52%，说明当前中国苹果种植规模普遍较小，规模化程度较低，经营基本处于细碎化的状况，这也与当前苹果栽培模式有较

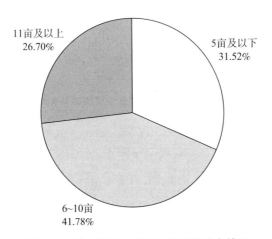

**图 2 - 4　样本种植户苹果种植规模分布情况**

大关系；具有一定经营规模的种植户占比为 26.70%，其中种植规模大于 20 亩的种植户比例仅为 4.52%，种植大户较少。出现这一现象的原因主要是当前中国苹果生产主要以乔化栽培模式为主，而这种栽培模式属于劳动密集型，在家庭仅有的劳动力基础上很难满足大规模苹果生产的劳动力需求。

（6）苹果种植户苹果种植年限整体较长。从样本种植户苹果种植年限分布情况来看（见图 2-5），样本种植户中，种植苹果超过 20 年的种植户比例为 46.46%，为最高水平，说明当前中国苹果种植户的苹果生产经验相对丰富；种植年限在 11~20 年的种植户比例为 38.76%，10 年以下种植经验的农户比例仅为 14.78%。因此，苹果种植户的苹果生产经验丰富，形成了专用资产。

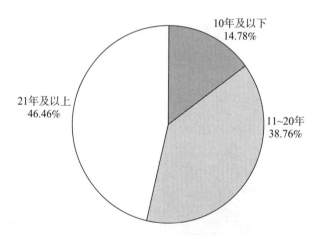

**图 2-5 样本种植户苹果种植年限分布情况**

（7）苹果种植户苹果收入占家庭总收入比例较高。从样本种植户家庭总收入分布情况来看（见图 2-6），家庭年收入在 5 万~10 万元的样本种植户比例为 36.81%，年收入在 10 万元以上的家庭占比为 33.33%，而家庭年收入低于 5 万元的种植户比例为 29.86%。说明苹果种植户家庭每年的总收入相对较高，高于 5 万元的农户比例达到 70.14%。从样本种植户苹果收入占家庭总收入比例分布来看（见图 2 - 7），家庭苹果收入占总收入比例超过 90% 的种植户占到总样本的 49.62%，苹果收入占总收入在 50% ~ 90% 的种植户比例为 29.41%，而苹果收入占比低于 50% 的家庭比例仅为 20.97%。这表明，对于苹果种植户而言，苹果种植是家庭最主要的收入来源，苹果收入占总收入比例平均为 74.68%，因此，苹果种植户是从事专业化苹果生产的农户，属于专业化农户的典型代表。

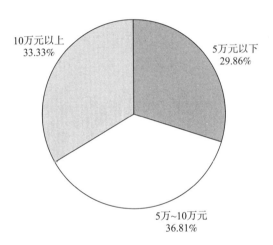

图 2 - 6　样本种植户家庭总收入分布情况

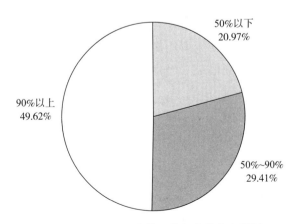

图 2 - 7　样本种植户苹果收入占比分布情况

# 二 气候变化适应性及特征

## (一) 气候变化概念及测度

气候变化是指气候平均状态在时间维度上的变化，即气候平均状态和离差两者中的一个或两个一起出现统计意义上的显著变化。离差值越大，表明气候变化的幅度越大，气候状态越不稳定（新华网，2009）。气候变化主要包括气候因素两个方面的变化：一是气候因素平均状态的显著变化；二是气候因素与平均状态之间离差的显著变化。

选择主要的气候因素是本研究首要考虑的问题。本研究选择气温、降水量作为主要的气候因素，是基于两个方面考虑。一方面，气温、降水量是研究气候变化问题的学者重点关注的气候因素。大量相关研究结论表明，气温、降水量及其变化是影响农业生产的主要气候因素，也是影响农户气候变化适应性行为的主要气候因素（Deressa et al.，2009；Passel et al.，2012；吕亚荣、陈淑芬，2010；王丹，2011；朱红根，2010）。此外，相比于其他气候因素，如日照时数、霜期、气温、降水量等的变化更容易被农户观察且感知到，进而影响农户适应性行为决策（Bose et al.，2014；Fosu-Mensah et al.，2012），这也是目前研究农户气候变化认知与适应性行为决策时仅考虑这两个气候因素的重要原因。另一方面，气温、降水量是影响苹果生产种植的主要气候因素。研究表明，年平均气温、年降水量对苹果产量与质量的影响程度大于其他气候因素，应当引起足够重视（Sharma et al.，2014；李星敏等，2011；魏钦平等，2010）。因此，本书将气温、降水量作为主要气候因素研究苹果种植户气候变化适应性行为。

在此基础上，考虑如何在微观个体研究中测度气候变化的问题。大量学者在利用横截面微观数据研究气候变化影响与适应性时，一致认为地区之间气候因素的差异可被看作特定地区气候因素在时间上的变化（Seo and Mendelsohn，2008；Wang et al.，2014），因此，利用横截面数据研究微观主体气候变化适应性行为具有可行性与科学性。此外，虽然气候因素平均值的变化能够反映气候的长期变化，但它们很难测度气候变化对微观个体的影响，因此，学者们常利用气候因素当年数值与气候因素长期平均值之差作为气候变化的测度指标，研究气候变化对农业的影响及农户适应性行为决策问题（Wang et al.，2014）。借鉴已有研究成果，本书将气温、降水量当年（2014 年）数值与其五年（2010～2014年）平均值之间的离差作为气候因素变化的测度指标，研究苹果种植户气候变化适应性行为决策及其有效性。

### （二）气候变化适应性概念及特征

气候变化适应性是指人们为了减少气候变化对自身财富与健康的不利影响所采取的一系列措施的过程（Burton et al.，1978）。气候变化适应性的基本内容可归纳为：①适应对策，即人们应对气候变化的主要措施；②适应者，即人们按照不同领域、不同产业划分，导致不同适应者之间的差异化较为明显；③适应性行为，是指人们在气候变化影响下，采用适应对策的决策过程；④适应效果，是指人们采取的应对气候变化的各类措施对自身财富的影响效果（Smit et al.，2000）。通过以上分析可知，气候变化适应性的主要特征包括：适应者、适应对策、适应性行为及适应效果四个方面。这四个方面构成研究苹果种植户气候变化适应性行为的有机整体，具体来讲：适应者是指专业从事苹果生产经营的农户，即苹果种植户；适应对策是指能够帮助苹果种植户降低气候变化不利影响的应对手段；适应性行为是指苹果种植户进行适应对策采用与否及采用强度的决策过程；适应效果是指苹果种植户气候变化适应性行为选择对苹果产出及风险的影响效果。

适应能力是影响适应性的关键，一个系统的适应能力影响其适应性措施实施的最终效果。适应能力是系统的典型属性，描述的是系统适应扰动，减轻潜在危害，利用机会，应对当前或者未来外部压力的能力（Engle，2011；Gallopín，2006）。而气候变化适应能力是指系统利用各种外部条件应对实际或预期气候变化压力的能力。因此，在气候变化背景下，苹果种植户利用各类资本进行适应性行为决策的能力就是苹果种植户适应能力。

气候变化适应性根据其目的性可划分为计划性适应与自动性适应两类，其中计划性适应是指由政府制定实施的带有政策性的应对气候变化过程，而自动性适应或者自发性适应是指企业、家庭和农民等私人个体在气候变化背景下自发的采取应对措施的过程（托达罗等，2014）。由于本研究重点探讨苹果种植户在气候变化背景下适应性行为决策过程，因此，它属于自发性适应过程。

## 三　苹果种植户气候变化适应性行为分析

### （一）不确定性条件下农户行为决策

理性人是新古典经济学的重要前提假设。在确定性条件下，理性人的目标就表现为消费者追求效用最大化而生产者追求利润最大化。但是在不确定性或者风险条件下，使得理性的界定十分复杂。一般认为在不确定性条件下，行为决策的原则主要包括数学期望值最大化原则、期望效用最大化原则。在此发展过程中，圣彼得堡悖论已证实基于数学期望值最大化分析经济行为具有局限性，而冯·诺依曼和摩根斯顿提出的期望效用最大化原则被广泛应用于经济行为分析（李凯，2016）。

对于决策者而言，如果选择集 $y_1$ 优于 $y_2$，则 $u$（$y_1$）优于 $u$

（$y_2$），这里的 $u$（$y_1$）表示选择集 $y_1$ 的期望效用，而 $u$（$y_2$）表示选择集 $y_2$ 的期望效用。基于此，期望效用函数可表示为：

$$\mu_{(Y)} = u(t_1, \cdots, t_n; y_1, \cdots, y_n) = \sum_{i=1}^{n} t_i u(y_i) \qquad (2-1)$$

其中 $y_1, \cdots, y_n \in Y$；$t_i$ 表示事件发生概率，$0 < t_i < 1$ 且 $\sum_{i=1}^{n} t_i = 1$。这说明个体在多个事件过程的决策的总效用取决于各个事件发生的客观概率与结果的效用水平。由此可见，期望效用理论是以期望效用最大化为个人目标，在不确定性的条件下根据个人内外部约束条件进行决策选择，其基础是决策者对不确定性事件的个人感觉和对其潜在后果的个人评估。

农户行为是指农户在特定的社会、经济、文化环境中对各种经济活动进行选择决策（王静，2013）。Schultz（1964）认为在"有限理性小农"假设下，即使是贫穷的发展中国家的农户仍然是以效用最大化为目标的经济人，通过比较其行为的成本与收益来进行行为决策，即农户行为选择具有趋利性。与此同时，农户行为不仅受其自身的资源、社会、经济、文化环境等因素的干预（满明俊等，2010），也面临自然、市场不确定性。在农业生产过程中，农户的行为决策需要面临各种外部不确定性，如自然风险、市场风险等。只有农户在各种不确定性与内外部约束条件下确定利润目标，并选择目标实现的合适路径与手段。如何研究在不确定性条件下农户行为决策问题，是学者们关注重点问题，而期望效用理论为研究这类问题提供理论基础（弗兰克·艾利思，2006）。

在农业生产中，风险被看成由不确定性事件造成的"收入方差"，因此，这里指的风险是在农作物生长过程中，导致产出高于或低于平均预期产出的事件所出现的概率（弗兰克·艾利思，2006）。方差是用来衡量一个随机变量波动大小的指标，当随机变量的波动呈现对称分布时，收益波动越大的随机变量，潜在损失越大，因此，用方差来表示风险是恰当的（聂荣，2006）。分析风险对农户农业生产影响的过程是，假设农户是期望效用最大化追求者，当农户在外部风险与各种约束条件下进行农业生产投资时，只有当农户预期投资带来的效用大于不投资预期效用时，农户才会选择农业生产投资或者选择更多投资。例如，假设只有一种农业生产的可变投入——化肥，这里描述的是农业生产过程所面临的一种风险，如天气的不确定性。一般而言，天气有两种可能性，一种是正常的好天气，能够带来农户农业产出的增加，而另一种是不正常的坏天气，如干旱、涝灾等，能够降低农户农业产出水平。当农户预期好天气发生概率低于坏天气发生概率时，农户为了追求预期效用最大化会减少化肥投入，反之则会增加化肥投入。

按照农户具有的生产与消费的双重属性，农户行为可被划分为生产行为与消费行为，其中农户生产行为主要包括技术选择行为。农户技术选择行为是指农户在自身禀赋与外部环境的双重约束下，为了实现效用最大化，对农业生产的相关技术进行成本收益比较分析，并在此基础上做出最优选择（王静，2013）。由于农户技术选择行为属于农户行为的一种，则它也具有趋利性特征，不仅受到自身资源、社会、经济等因素约束，还受到不完全市场风险、自然风险等约束。苹果种植户作为"有限理性"的专业化农户，在进行苹果生产技术决策时同样会面临诸如气候风险的不确定性，为了追求期望效用最大化目标，只能在自身与外部双重约束条件下，对农业生产技术进行成本收益分析，并就此做出最优选择。因此，不确定性条件下农户行为决策问题丰富的研究成果，为探索气候变化背景下，中国苹果种植户的适应性行为决策机制提供理论借鉴。

## （二）苹果种植户气候变化适应性行为概念及特征

### 1. 苹果种植户气候变化适应对策识别

作为理性经济人的苹果种植户在进行农业生产决策选择时，

是基于自身拥有的可行性选择集合。因此，在界定苹果种植户气候变化适应性行为概念之前，应当对目前气候变化背景下可供苹果种植户选择的适应对策可行集进行识别。

已有研究普遍认为农户适应气候变化的措施包括改变生产实践与改变生产性金融管理两大类，其中前者包括多样化作物品种、改变农业生产时间、增加化肥农药投入、采用新技术、改变灌溉方式等；后者包括多样化收入来源、购买农业保险等（Smit and Skinner，2002；吕亚荣、陈淑芬，2010）。这些适应性措施大多是针对以种植一年生的粮食作物为生的农户，而对于以种植多年生、高价值农产品的苹果种植户而言，上述的部分适应性措施不再适用，例如多样化作物品种，改变农业生产时间以及购买农业保险等，主要原因是苹果与其他农作物不同，它属于商品化和市场化程度高的高价值农产品，其生产经营过程具有市场化、专业化及较强的资产专用性特征，这使得苹果在投入产出过程、技术性质、对外部条件的敏感性及应对气候变化方面与其他农作物存在本质区别。

苹果属于落叶乔木，具有多年生、生命周期长等特点，一般种植第5～6年苹果树开始挂果。一旦农户决定种植苹果树并建立苹果园，就会形成专用性资产投资，沉没成本高。苹果树品种是苹果种植户建园之初进行选择的结果，如果苹果种植户需要改变果树品种，需要面临5～6年农业经营收入损失。苹果种植户作为追求利益最大化的理性经济人，不愿意承担更改苹果品种所带来的收益损失，这在很大程度上限制了苹果生产过程中苹果种植户多样化果树品种适应气候变化的可能。因此，多样化品种结构不是苹果种植户的理性选择，不能进入其气候变化适应对策的选择集。

调整农业生产时间是以种植粮食作物为生的农户适应气候变化的重要手段。以水稻为例，调整作物播种期可以改变水稻生育期内的温光水配置，从而使得水稻生长过程趋利避害。适时提前春播作物的播种日期，可以避开盛夏的高温影响；推迟秋播作物的播种日期，可以避免冬季变暖的不利影响（朱红根、周曙东，2010）。但对于苹果种植而言，该措施不再适用，主要是因为苹果属于多年生农作物，具有较强的资产专用性与较高的沉没成本特征，一旦农户种植果树就很难改变其生产时间。这也说明调整生产时间不能作为苹果种植户气候变化适应对策选择集的成员之一。

农业保险是目前世界上最重要的非价格农业保护工具之一，是帮助农户分散农业生产风险和生产损失补偿的重要措施（邢鹂、黄昆，2007）。2007 年，中央农业保险保费补贴试点伊始，陕西省便确定将苹果种植纳入省级财政补贴范围，由人保财险及中华保险公司承保苹果保险，并在延安市洛川县开始苹果保险试点，之后的 2009 年决定继续扩大苹果保险试点区域。苹果保险主要内容包括保险期限为苹果开花期至果实成熟采收完止，赔付范围包括暴雨、洪水、风灾、雹灾、冻灾及干旱等无法抗拒的自然灾害造成果树生长期内的直接成本损失，保险金额可按照每亩 1000 元、2000 元和 3000 元等 3 个档次选择投保，保险费率为 4%，保险费分别为 40 元、80 元和 120 元，其中农民与财政各承担 50%（孙兆军，2009）。虽然陕西开展苹果保险试点工作已有 10 年之久，但目前苹果种植户参与积极性仍然较低，低投保率仍普遍存在。究其原因有二点：一是，苹果属于高价值农产品，投入成本与收益较高，而事后保险金额较低，不能弥补苹果种植户基本的生产成本损失，投保的积极性受挫；二是，苹果保险理赔不及时、政策落实不到位导致苹果种植户丧失对政策性苹果保险的信心与信任，导致广大苹果种植户不再参与苹果保险。例如，果农×××说："2008 年初，我们县实行苹果保险，大部分苹果种植户认为这是个好东西，投保积极性很高。同年 8 月，我们乡镇大面积苹果园遭受冰雹袭击，果实击伤痕迹累累，果农损失惨重。而果农要求保险公司理赔的时候，保险公司寻找各种理由不予赔付，同时政府对这件事也不予理睬，使得广大果农对这项政策的信心与信任严重丧失，从那以后，我们再不相信苹果保险。即使政府或保险公司宣传说苹果种植户保费很低，补偿金额很高，果农都不愿意投保。"在实际调查时，这样的例子比比皆是。这些证据充分说明，现阶段苹果保险不能作为苹果种植户在气候变化背景下风险分担的手段。

　　基于以上分析可知，适合苹果种植户适应气候变化的措施仅包括采用新技术与灌溉等。因此，有必要对苹果种植户适应气候变化的新技术进行分析与归纳。由于苹果生长具有明显的阶段性特征，不同阶段苹果对外界气候变化的敏感性与适应气候变化的新技术存在显著差异，具体见图2-8。一般而言，一个周期内苹果生长共分为4个关键阶段：果树休眠期、苹果开花期（幼果期）、苹果膨大期及苹果成熟期，与冬、春、夏、秋四个季节一一对应。

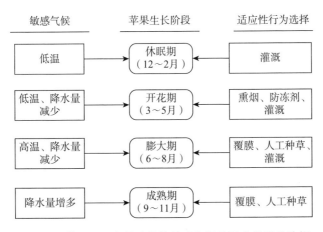

**图2-8　苹果不同生长阶段的敏感气候及适应性行为选择**

　　由于苹果种植自身特点，不同生长阶段陕西苹果种植户气候变化适应性措施有所区别，主要表现在苹果开花期（春季）与苹果膨大期（夏季）。由于近些年春季气温波动较大，苹果开花期提前，提升了苹果开花期遭受低温的概率，严重影响苹果的产量与品质，制约广大果农增收，使得果农广泛采用果园熏烟、喷打防冻剂或灌溉进行应对（李健等，2008）。果园集中熏烟，能够改变果园内小气候，提高果园局部环境温度，进而降低低温对苹果树的危害，提高果园的优花率与坐果率；树体喷打防冻剂能够有效降低果树水分的蒸腾，减轻低温的影响，提高果园坐果率（张丁有，2015）；果园灌溉不仅能补充苹果树体水分，也可提高地面空气湿度，使气温缓慢下降，减轻低温冻害的发生，进而保证果园坐果率。

春季、夏季气温的剧烈变化使苹果种植户主要通过果园生草、覆黑地膜或铺秸秆等覆盖措施或增加灌溉的方法适应气候变化。果园覆盖措施，作为苹果膨大期苹果种植户应对气候变化的有效手段，一方面能够减少果园土壤中的水分蒸发量，达到蓄水保墒的目的，保证果树生长与果实发育的水分需求，进而保障农业产出及避免农业收益损失；另一方面有利于土壤中微生物活动，改良土壤肥力，防止土壤中肥力流失，提高肥料利用效率和促进果实膨大，进而降低气候变化背景下农业产出风险（Mika et al.，2007；孟秦倩，2011；苏一鸣，2015；张坤等，2011）；在春、夏季，苹果树处于苹果优果期、膨大期，需要大量水分，灌溉既能够有效应对气温升高、降水量减少情形导致的果树水分短缺风险，促进果实发育和增长，又能够显著提高肥料利用效率，从而提高苹果种植户农业产出及抑制风险。对于水资源相对丰富的地区，苹果种植户能够利用增加灌溉的方式降低气候变化的不利影响，保证苹果生产的用水需求，而对于农业生产用水极为匮乏的地区，苹果种植户只能通过采用新技术，如防冻技术、覆盖技术，降低气候变化带来的不利影响。

可见，熏烟、喷打防冻剂、覆膜、人工种草及灌溉等措施构成了现阶段苹果种植户气候变化适应对策的选择集合。在农业实践过程中，苹果种植户能根据自身禀赋与外在资源约束，选择可行适应对策集合中的一种或多种措施适应气候变化，以此实现气候变化背景下农业经营性收益最大化目标。

**2. 苹果种植户气候变化适应性行为概念**

新古典经济学派一致认为农户行为选择是不确定性条件下农户为了追求期望效用最大化的行为选择结果。气候变化是农户农业生产过程中所面临的主要外部风险之一（艾利思，2006），而适应性行为选择正是农户为了实现气候变化风险下的期望效用最大化，在内、外部双重约束条件下进行生产行为调整的决策选择。因此，苹果种植户气候变化的适应性行为选择可视为农户技术采用行为的决策过程，能够利用期望效用理论分析研究。

因此，本书借鉴气候变化适应性概念与特征、不确定性条件下农户行为决策理论，在识别苹果种植户气候变化适应对策的基础上，将苹果种植户气候变化适应性行为的内涵定义为：为了实现气候变化外在风险下农业收益最大化，从事市场化、专业化生产经营的苹果种植户在其适应能力、外部资源（村庄公共服务）、农作物属性（果树基本特征）、市场供求变化（即产品市场价格）的约束条件下，在可行的适应对策（适应性措施）集合内所表现的自发的行为选择与决策偏好。

结合上述分析与定义可知，苹果种植户气候变化适应性行为选择符合微观经济学的基本假设，即苹果种植户作为"有限理性小农"，自发的选择气候变化适应性行为，且其适应性行为选择与倾向具有趋利性与风险规避性。综上所述，苹果种植户气候变化适应性行为的基本特征主要包括以下五点。

（1）在苹果生产过程中，苹果种植户适应性行为选择是气候变化风险下种植户生产行为调整的结果。即气候因素及其变化作为外部信号，是苹果种植户气候变化适应性行为的决策依据。

（2）在苹果不同生长阶段，苹果种植户气候变化适应性行为选择类型具有时间上的可分性，且选择动机与倾向不同。苹果开花期种植户的适应性行为选择目的是降低开花期低温对苹果开花、坐果及优果率的影响，而苹果膨大期种植户的适应性行为选择目的主要是降低持续高温、降水量降低对苹果果品质量的影响，两类适应对策原理不同，具有时间上的可分性。同时，苹果种植户气候变化适应性行为选择与倾向因适应的阶段不同而不同。

（3）苹果种植户适应性行为选择受到家庭的气候变化适应能力诱导。适应能力是在气候变化风险下，苹果种植户调整农业生产实践，选择适应性行为的能力，是苹果种植户气候变化适应性行为选择的内生约束条件。

（4）苹果种植户适应性行为选择是外生约束条件综合作用的结果，主要包括外部资源（村庄公共服务）、农产品自身属性（果树基本特征）、市场供求变化（即产品市场价格）等外生约束条件。

（5）苹果种植户气候变化适应性行为选择具有趋利性，即种植户是在比较不同适应性措施带来的预期收益与适应成本的情况下选择适应性行为以此应对气候变化，只有在适应性措施的预期收益大于适应成本情况下种植户才会选择该措施。

# 四　苹果种植户气候变化适应性行为选择理论分析及假设

## （一）气候变化对苹果种植户苹果净收益影响理论分析

苹果种植户适应性行为决策主要目的是降低气候变化给苹果生产带来的不利影响，从而实现家庭期望效用最大化，因此，研究苹果种植户适应性行为决策的前提是探讨气候变化给苹果生产带来的经济学影响。

气候变化对苹果生产的影响路径具体表现在两个方面。一方面，气候变化对苹果生产投入的影响，主要是对苹果生产投入要素的影响。以气候变暖为主要特征的气候变化加速了果园土壤肥料的释放和分解，释放周期缩短（王修兰、徐师华，1996），苹果种植户为了追求预期效用最大化需要增加施肥投入总量和投入次数，提高肥效。同时，气温与降水量变化引起果园病虫害增加（崔读昌，1992），种植户为降低病虫害影响，稳定苹果产量，增加农药投入量与投入次数。气候变化带来的这些生产投入的变化，势必使得苹果种植户的苹果生产成本增大。另一方面，气候变化对苹果总收益的影响，主要是对苹果产量与销售价格的影响。气温上升对苹果产量与价格影响较为明显，冬、春季气温上升有利于苹果树打破休眠期，顺利进入开花期，为苹果产量的稳定提供有利条件，而夏季气温上升，使果园土壤水分下降，造成果实发育缓慢，苹果品质下降、果实小，不利于产量和销售价格的增加（杨尚英等，2010），导致苹果总收益的下降。降水量变化对苹果产量及销售价格影响明显，春、夏季降水量增加有利于苹果膨大，提高苹果产量，而秋季降水量增加不利于苹果着色，容易发生果锈、黑斑病等病害，影响苹果销售价格（刘天军等，2012），进而影响苹果种植户苹果总收益。从这两个方面综合分析可知，气候变化不仅影响苹果种植户苹果生产投入成本，也影响其苹果总收益，也就是说气候变化对苹果种植户苹果净收益产生影响，且这种影响呈现阶段性差异特征。基于上述分析，形成本研究待检验的研究假设1。

研究假设1：气候变化对苹果种植户苹果净收益产生显著影响，且影响呈现阶段性差异特征。

研究假设1检验逻辑主要包括两个步骤：第一，识别影响苹果种植户不同苹果生长阶段的关键气候变化特征；第二，在评估苹果种植户苹果净收益基础上，实证检验气候变化对苹果种植户苹果净收益的影响方向与程度。

## （二）苹果种植户气候变化适应性行为决策理论分析

根据苹果种植户气候变化适应性行为定义可知，苹果种植户作为有限理性小农，在追求家庭期望效用最大化目标的导向下，以气候变化为外部信号，在内部、外部双重约束下，在可行的适应性决策集合中自发选择适应不同气候变化特征的对策。

借鉴 Just 和 Pope（1978，1979）关于农户技术采用行为的分析框架，构建气候变化背景下苹果种植户适应性行为决策的理论分析过程。假设气候变化背景下苹果种植户的生产函数可表示为：

$$y = f(x) + g(x)\varepsilon \qquad (2-2)$$

其中 $y$ 表示苹果种植户的苹果总产出，$f(x)$ 表示确定性苹果种植户苹果产出水平，$g(x)$ 表示由于外部气候变化导致产量不确定性，即风险水平；$\varepsilon$ 表示气候变化冲击，服从 $\varepsilon \sim N(0, 1)$。由公式（2-2）可以看出，苹果种植户苹果产出水平服从均值为 $f(x)$，方差为 $g^2(x)$ 的正态分布。

气候变化背景下，苹果种植户气候变化适应性行为选择是实现利润或期望效用最大化（Atanu et al., 1994），即：

$$\max_{i^*} H = E_{i^*}\big[U(\tilde{R})\big] = E_{i^*}\big[U(p(f(x, x_a) + g(x, x_a)\varepsilon) - cx - c_a x_a)\big]$$

$$(2-3)$$

其中 $E_{i^*}$ 表示苹果种植户在信息量 $i^*$ 情况下的条件期望净收益。$p$ 为农产品价格；$f(x, x_a)$、$g(x, x_a)$ 分别表示考虑适应条件的苹果种植户产出水平函数与产出方差函数；$x$ 表示苹果种植户的基本要素投入向量；$c$ 表示对应的要素投入成本；$x_a$ 表示农户的适应投入，$c_a$ 表示农户适应投入成本。

由于苹果种植户进行适应性行为选择时，并不能观察到适应性措施带来的结果，只能通过苹果种植户自身所获取的信息量预期最终产出水平。因此，为了论证适应性行为选择对苹果种植户苹果产出的影响，在假设 $x$ 与 $x_a$ 具有可分性的条件下，考虑苹果种植户适应的生产函数可表示为：

$$f(x,x_a) = f(x) + f(x_a)v_1$$
$$g(x,x_a) = g(x) + g(x_a)v_2 \qquad (2-4)$$

其中 $f(x)$ 表示苹果种植户未适应情况下的平均产出水平，$g(x)$ 表示苹果种植户未适应情况下的产出方差水平；$f(x_a)$、$g(x_a)$ 分别表示仅考虑苹果种植户适应条件对其平均产出水平、产出方差影响的函数形式；$v_1$、$v_2$ 分别表示由苹果种植户自身信息获取量带来的平均产出及产出方差的不确定性，为随机变量，由于苹果种植户在选择适应性行为之前，不能直接观察到适应性行为的影响结果，只能根据自身获取的适应性行为的信息量进行主观判断，因此，这两个函数可表示为苹果种植户自身的主观感知函数。

将公式（2-4）带入公式（2-3）得：

$$\max_{i^*} H = \underset{i^*}{E}[U(\tilde{R})] = \underset{i^*}{E}[U(p(f(x) + f(x_a)v_1) + (g(x) + g(x_a)v_1)\varepsilon$$
$$(-cx - c_a x_a))] \qquad (2-5)$$

上式关于 $x_a$ 的一阶导数可表示为：

$$\underset{i^*}{E}[U'(\cdot)(p(f_{x_a}v_1 + g_{x_a}v_2\varepsilon) - c_a)] = 0 \qquad (2-6)$$

对于风险规避型农户而言，只有当苹果种植户适应性行为决策的预期净收益大于 0，种植户才会选择气候变化的适应性决策，即：

$$A^* = p(f_{x_a}v_1 + g_{x_a}v_2\varepsilon) - c_a > 0 \qquad (2-7)$$

公式（2-7）的含义是，一方面，苹果种植户气候变化适应性行为选择受到等式右边各种变量的影响，另一方面，苹果种植户气候变化适应性措施的采用强度也受到等式右边各种变量的影响。由于 $\varepsilon$ 表示外部气候变化冲击，它依赖于气候因素本身及其变动，而 $f_{x_a}$、$g_{x_a}$ 分别表示仅考虑苹果种植户适应条件下对其平均产出水平、产出方差影响函数的导数。在苹果种植户进行适应性决策之前，这些函数往往是未知的，取决于苹果种植户的主观感知，而种植户主观感知不仅受到其适应能力的内生约束条件的影响，而且受到气候因素及其变化、农产品市场条件、村庄环境及农作物属性的外生约束条件影响（见图2-9）。

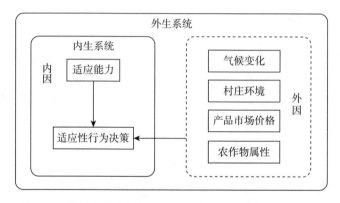

**图2-9 苹果种植户气候变化适应性行为决策内、外生系统**

（1）气候因素及变化是苹果种植户适应性行为决策的外部信号。当气候因素发生变化，并对苹果种植户苹果生产产生影响时，使苹果种植户形成"气候变化已对苹果生产经营带来不利影响，进而影响其家庭收入"的基本判断。基于这种判断，作为理性经济人的苹果种植户不得不寻求降低气候变化影响的手段与措施。通过获取有关气候变化适应性措施的信息与技术，苹果种植户开始尝试调整苹果生产实践，并采用有效的适应性措施。

（2）适应能力是苹果种植户气候变化适应性行为决策的内因。农户适应能力是指农户应用自身资产应对外部风险冲击的能力（Ellis，2000；Nelson et al.，2007a），其驱动要素、决定因子是影响农户适应气候变化的关键（Lea et al.，2011；方一平等，2009），可持续生计理论提供了一个研究农户气候变化适应能力的重要视角（Ellis，2000；Nelson et al.，2007b，2010）。苹果种植户气候变化适应能力是其在气候变化外部风险影响下，利用自身资产应对气候变化的基本能力，是其适应气候变化的内生驱动力，是其适应气候变化的关键因素，包括人力资本、自然资本、物质资本、金融资本及社会资本五个方面。在适应性阶段，苹果种植户围绕"什么是气候变化？"、"什么是适应性措施？"、"这项适应性措施为什么有效？"及"这项适应性措施怎样操作？"四个问题对气候变化与适应性措施等信息进行搜寻、加工，形成关于气候变化及适应性措施的基本认知，在此基础上，决定是否采用这些气候变化适应性措施。在这个过程中，苹果种植户自身拥有的资本水平发挥决定性作用。具体来讲，人力资本是苹果种植户从事任何苹果生产活动的基础，它的数量和质量不仅决定其对气候变化与适应性措施的理解能力，也决定其利用其他资本应对气候变化的能力。自然资本是苹果种植户能够利用和用来维持苹果生产的土地、水等自然资源，自然资源代表苹果种植户苹果生产的重要载体与基础，自然资源较为丰富的苹果种植户更倾向于采用气候变化适应性措施。物质资本是苹果种植户用于苹果生产过程的基础设施和生产工具，能帮助其积极应对气候变化。金融资本是苹果种植户采用适应性措施应对气候变化的资金保障，其拥有的金融资本能够正向促进其应对气候变化。社会资本是苹果种植户获取苹果生产技术信息的重要资源，能够帮助其及时有效地获取气候变化与适应性措施相关信息，提高其信息储备水平，为进行适应性行为决策奠定基础。

（3）村庄环境、农作物属性、农产品市场价格是苹果种植户气候变化适应性行为决策的外生因素。村庄环境主要包括村庄公共服务环境与自然地理环境，其中村庄公共服务的主要职能之一是为苹果种植户提供气候信息与适应性措施信息宣传和公共服务，向广大苹果种植户传递适应性行为属性信息，以此引导苹果种植户气候变化与适应性行为认知及行为决策；村庄自然地理环境对苹果种植户获取气候变化与适应性措施信息与技术构成硬性约束。农作物属性是指苹果树的基本属性，包括果树树龄、果树密度，这是苹果种植户进行适应性行为选择的客观约束，因为苹果作为多年生农产品，与大宗粮食作物有本质区别，苹果种植户进行苹果生产决策会受到果树属性的限制。苹果属于商品化程度较高的经济作物，苹果的价格直接决定着苹果种植户家庭收入，也激励苹果种植户积极采用适应性措施降低气候变化带来的不利影响。需要说明的是，对于生产资料而言，苹果种植户是价格接受者，因此，在分析种植户适应性行为选择时，仅考虑了种植户的苹果销售价格的影响而未考虑适应性措施成本的影响。

基于以上理论分析，苹果种植户适应性行为选择的不可观测潜变量可表示为：

$$A^* = X \cdot \alpha' + \varepsilon^A \qquad (2-8)$$

其中 $X$ 为影响农户适应性决策的因素，主要包括适应能力、气候因素及其变化、村庄环境、农作物属性及市场价格；$\alpha'$ 为待估计参数；$\varepsilon^A$ 表示农户适应性决策方程的残差项。

基于以上分析，形成本书待检验的研究假设 2，包括两个方面（适应选择与适应强度）的理论假设。

研究假设 2：苹果种植户气候变化适应性行为选择及其适应性措施采用强度是包括气候变化特征、农作物属性、村庄环境及市场条件的外生条件与包括苹果种植户适应能力的内生条件综合作用的结果，但这种综合作用结果因不同适应性决策而存在差异。

理论假设 2 的检验逻辑包括两个步骤：第一，苹果种植户气候变化适应能力度量；第二，内生、外生条件对苹果种植户适应性行为选择与采用强度的影响机制。因此，苹果种植户适应能力的测度是检验理论假设的第一步，本研究所关注的苹果种植户的气候变化适应能力是基于可持续生计理论度量的种植户家庭的生计资本拥有水平，即苹果种植户适应能力主要包括人力资本、自然资本、物质资本、金融资本及社会资本五个方面。

## （三）苹果种植户气候变化适应性行为选择有效性理论分析

为了分析苹果种植户气候变化适应性行为选择对苹果产出及其风险的影响，在上述分析基础上，构建苹果种植户气候变化适应性行为选择有效性评估的理论分析过程。

根据期望效用理论，在气候变化风险影响下，只有当苹果种植户适应带来的预期净收益的效用大于不适应的预期净收益的效用时，苹果种植户才会选择适应性行为应对气候变化。因此，为了分析适应苹果种植户与未适应苹果种植户之间期望净收益的差异，在公式（2 - 3）的基础上，假设苹果种植户未适应气候变化情况下的期望效用函数为：

$$\max_{i^*} H = E_{i^*}[U(\tilde{R})] = E_{i^*}[U(p(f(x) + g(x)\varepsilon) - cx)] \qquad (2-9)$$

苹果种植户适应气候变化情况下期望效用函数为：

$$\max_{i^*} H = E_{i^*}[U(\tilde{R})] = E_{i^*}[U(p(f(x,x_a) + g(x,x_a)\varepsilon) - cx - c_a x_a)]$$

$$(2-10)$$

为了更加明确地表示苹果种植户期望效用函数，在假设种植户风险偏好保持不变，且农业生产性收益服从正态分布，则苹果种植户的期望效用函数可表示为递增的均值 - 方差标准凹函数（Dubios and Vukina，2004；Olale and Cranfield，2009）。则苹果种

植户效用最大化函数可表示为:

$$\max H = E(R) - C - \frac{1}{2}\gamma_i \, \mathrm{var}(R) \qquad\qquad (2-11)$$

其中 $R$ 表示农户农业生产总收入; $C$ 为总生产成本; $\gamma_i$ 为种植户风险偏好,为大于 0 的常数。

则未适应气候变化的苹果种植户的期望效用公式(2-9)可表示为:

$$\max H = U_n = pf(x) - cx - \frac{1}{2}\gamma p^2 g^2(x) \qquad\qquad (2-12)$$

同理,适应苹果种植户期望效用公式(2-10)可表示为:

$$\max H = U_a = pf(x, x_a) - cx - c_a x_a - \frac{1}{2}\gamma p^2 g^2(x, x_a) \qquad (2-13)$$

由于苹果种植户适应的目的是为了降低气候变化给其产出收益带来的不利影响,反过来讲,即苹果种植户适应带来的苹果净收益应当大于等于苹果种植户未适应的苹果净收益,则有:

$$\Delta U = U_a - U_n = pf(x, x_a) - cx - c_a x_a - \frac{1}{2}\gamma p^2 g^2(x, x_a) - pf(x) + cx + \frac{1}{2}\gamma p^2 g^2(x)$$

$$= p(f(x, x_a) - f(x)) - \frac{1}{2}\gamma p^2(g^2(x, x_a) - g^2(x)) - c_a x_a \geq 0 \qquad (2-14)$$

上式等价于:

$$p(f(x, x_a) - f(x)) - \frac{1}{2}\gamma p^2(g^2(x, x_a) - g^2(x)) \geq c_a x_a \qquad (2-15)$$

由于苹果种植户适应气候变化目的主要是提高其产出水平,且降低其产出风险,因此,要使得公式(2-15)成立,需要满足以下研究假设。

研究假设 3:适应气候变化的苹果种植户苹果产出水平大于未适应种植户的产出水平,而适应苹果种植户产出方差小于未适应种植户产出方差,且不同适应性行为选择的影响效应存在差异。

研究假设 3 表明，理论上讲，苹果种植户气候变化适应性行为选择应当能够增加苹果种植户苹果产出水平，降低苹果产出风险。而现实中，苹果种植户采用的各类适应性行为的影响效应需要通过严谨的计量经济学模型测算分析。

如果假设 3 成立，则公式（2 - 15）不等号左边第二项 $-\frac{1}{2}\gamma p^2(g^2(x,x_a)-g^2(x))$ 为正，这里不妨令其等于某一常数，即

$$p(f(x,x_a)-f(x))+C \geqslant c_a x_a \Leftrightarrow pf(x_a)+C \geqslant c_a x_a \qquad (2-16)$$

其中 $f(x_a)$ 表示仅考虑适应性行为选择对苹果种植户产出影响的函数形式；$C$ 表示大于 0 的常数。公式（2 - 16）的含义是，苹果种植户适应气候变化带来的平均产出水平变化的收益与产出风险的收益之和应当大于苹果种植户适应性行为的采用成本。要使得公式（2 - 16）成立，当且仅当卜式成立：

$$pf(x_a) \geqslant c_a x_a \qquad (2-17)$$

公式（2 - 17）的含义是苹果种植户气候变化适应性行为选择对其平均产出的贡献程度乘以农产品价格大于或等于其适应性行为的采用成本，即苹果种植户适应性行为选择带来的净收益应当大于或等于 0。在此基础上，形成本书需要检验的理论假设 4。

假设 4：当苹果种植户气候变化适应性行为选择带来的净收益大于或等于 0，表明该适应性行为符合成本收益原则，是有效的。

研究假设 4 的检验需要对各个适应性行为的成本 - 收益进行分析。成本 - 收益分析是通过估算某一特定适应性措施投资的各种成本，并与特定适应性措施带来的结果进行比较，如果两者之差即净收益大于等于 0，则该适应性行为是符合成本收益的，或者说该适应性行为是有效的（John，2004；潘家华、郑艳，2010）。

基于以上理论分析过程，形成苹果种植户气候变化适应性行

为理论分析框架（见图2-10）。

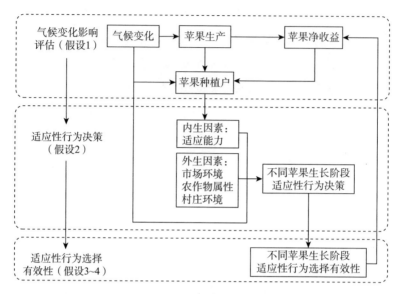

**图2-10 理论分析框架**

# 五 本章小结

以苹果种植户为研究基本单元，以苹果种植户气候变化适应性行为为研究对象，将气候变化适应性理论与不确定性条件下农户行为理论结合，界定苹果种植户气候变化适应性行为，识别苹果种植户气候变化适应性措施，揭示苹果种植户适应性行为选择动机，以及在内、外部约束条件下表现的行为特征。在此基础上，建立苹果种植户气候变化适应性行为理论分析框架，提出"气候变化对苹果种植户苹果净收益产生影响，且影响具有阶段性差异特征""苹果种植户气候变化适应性行为决策是其适应能力、气候变化、市场条件、农作物属性及村庄环境综合作用的结果""苹果种植户气候变化适应性行为选择是有效的"等预期待检验理论假设。

# 第三章

# 气候变化及苹果
# 种植户适应性行为特征

本章基于陕西气候变化与 8 个苹果基地县苹果种植户微观调查数据，利用描述性统计分析方法，从气候变化特征、苹果生产布局特征及苹果种植户适应性行为特征维度，揭示陕西气候变化、苹果生产布局变化特征及苹果种植户气候变化适应性行为选择特征，为后续实证研究苹果种植户气候变化适应性行为决策奠定基础。

## 一 陕西气候变化特征

### （一）陕西历史气候变化特征

正如前文理论分析所述，气温和降水量是表征气候的两个主要气候因素，也是影响苹果生产的关键气候因素，因此，本研究主要选取气温和降水量两个指标来描述气候因素及其变化特征。为了分析陕西历年气候变化情况，本书以 3 年为一个时间段，计算年平均气温与年降水量的平均值，并比较不同时间段两个气候因素的变化趋势，结果见表 3 - 1。在年平均气温方面，1989 ~ 1991 年，陕西平均气温最低，并在之后的 6 年时间内呈现波动式增长。从 1998 年开始，陕西年平均气温增长迅速，从 13.10℃ 增长到 2013 ~ 2015 年的 13.80℃，增加约 5.34%。在年降水量方面，1989 ~ 1994 年，陕西年降水量有所增加，之后在 1995 ~ 1997 年下降到 490.93mm，随后开始增加，到 2001 ~ 2003 年，年降水量为 651.87mm，之后发生波动式变化，2007 ~ 2009 年，年降水量达到峰值（766.03mm），随后的两个时间段内，降水量有所下降。总体来看，过去 20 年陕西年均气温呈现直线增加态势，年降水量则呈现先增加后减少的变化趋势。

**表 3 - 1　陕西气候长期变化趋势分析**

| 气候因素 | 1989 ~ 1991 年 | 1992 ~ 1994 年 | 1995 ~ 1997 年 | 1998 ~ 2000 年 | 2001 ~ 2003 年 |
|---|---|---|---|---|---|
| 平均气温（℃） | 12.60 | 12.33 | 12.87 | 13.10 | 13.23 |
| 年降水量（mm） | 524.30 | 575.17 | 490.93 | 591.30 | 651.87 |
| 气候因素 | 2004 ~ 2006 年 | 2007 ~ 2009 年 | 2010 ~ 2012 年 | 2013 ~ 2015 年 | |
| 平均气温（℃） | 13.40 | 13.33 | 13.00 | 13.80 | |
| 年降水量（mm） | 564.60 | 766.03 | 690.60 | 651.85 | |

资料来源：《陕西统计年鉴》（1990 ~ 2016 年）。

在此基础上，以陕西苹果主产市——渭南市为例，从苹果生长不同阶段，对过去 25 年各季度气候变化特征进行统计分析（见图 3 - 1）。在气温变化方面，苹果休眠期、膨大期及成熟期的气温变化均表现出明显的增加趋势；苹果开花期的平均气温变化呈现先增加后下降的倒"U"形变化趋势，特别是过去 10 年间，平均气温下降 0.4℃。在降水量变化方面，苹果休眠期、苹果膨大期的降水量变化均呈现倒"U"形趋势，且过去 10 年间，后者的下降幅度大于前者；苹果开花期的降水量有所下降，而苹果成熟期的平均降水量有所增加。对咸阳、宝鸡、铜川及延安四个苹果主产市的分析得到类似结论。

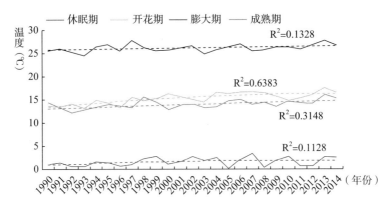

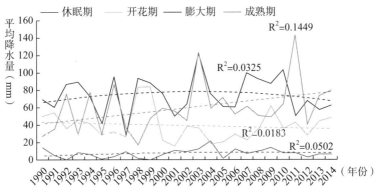

**图 3 - 1　渭南不同苹果生长阶段气候变化趋势**

资料来源：《陕西统计年鉴》（1990～2015）。

## （二）样本县气候变化特征

苹果种植户适应性行为选择是基于气候变化外部风险，因此，在分析苹果种植户气候变化适应性行为选择特征之前，有必要对样本县气候变化特征进行描述性分析，以此判断样本种植户所面临的外部气候变化情况。

本书首先从年平均气温与年平均降水量及其变化方面对这 8 个县域的气候变化情况进行论述，结果见表 3 - 2。需要说明的是，在计算年平均气温与年平均降水量变化时，采用当年的年平均数值减去过去五年（2010～2014 年）平均数值得到，例如在计算年平均气温变化时，使用 2014 年平均气温减去过去五年平均气温得到年平均气温变化程度。

表 3 - 2　样本县 2014 年气候变化发生情况

| 县域 | 年平均气温（℃） | 年均气温变化（℃） | 年平均降水量（mm） | 年均降水量变化（mm） |
|---|---|---|---|---|
| 宝塔区 | 10.5897 | 0.1799 | 47.8167 | 2.6528 |
| 宜川 | 10.4324 | 0.1436 | 45.4083 | 1.3264 |
| 富县 | 9.6831 | 0.1202 | 45.2892 | -0.2205 |
| 洛川 | 9.8702 | 0.0737 | 46.1583 | -0.4361 |
| 白水 | 10.5037 | 0.0233 | 51.5792 | 1.9653 |
| 长武 | 9.7769 | 0.1422 | 45.8917 | -0.6083 |
| 彬县 | 10.6343 | 0.0832 | 45.4542 | -0.3042 |
| 旬邑 | 10.4571 | 0.0201 | 51.4458 | 1.8792 |

资料来源：中国气象数据网与县气象局。

从表 3 - 2 可以看出，样本县年平均气温上升明显，而平均降水量变化差异明显。具体来讲，在年平均气温方面，彬县、宝塔区、旬邑、白水及宜川年均气温在 10℃ 以上，而洛川、长武及富县年均气温低于 10℃；在年均气温变化方面，8 个样本县年均气温均有所上升，宝塔区的年均气温上升程度最为明显，宜川、长武及富县次之，上升程度均超过 0.1℃，而彬县、洛川、白水及旬邑气温变化程度较低，其中以旬邑年均气温增加幅度最小。在年平均降水量方面，白水、旬邑降水量相对丰富，年均降水量超过 50mm，宝塔区、洛川年均降水量次之，其余县的年均降水量较为接近，均在 45mm 左右；在年均降水量变化方面，不同样本县的变化呈现不同趋势，其中宝塔区、白水、旬邑、宜川的年均降水量相对于五年平均而言有所增加，以宝塔区降水量增加最为明显，而长武、洛川、富县及彬县的年均降水量有所减少，以长武降水量减少最为显著。

在年度气候变化分析基础上，从苹果生长不同阶段，分析样本县气候变化特征，结果见图 3 - 2。在苹果休眠期（上年 12 月~次年 2 月），不同样本县平均气温出现上升趋势，而平均降水量变化存在差异；在苹果开花期（3 ~ 5 月），样本县整体平均气温有所下降，平均降水量有所减少；在苹果膨大期（6 ~ 8 月），不同样本县平均气温增加趋势明显，而平均降水量变化存在差异；在苹果成熟期（9 ~ 11 月），除个别样本县外其余县的平均气温有所下降，而平均降水量整体增加明显。总体来看，样本县的苹果开花期的平均气温下降明显，而膨大期平均气温增加明显，同时平均降水量变化在不同县之间差异较为显著。

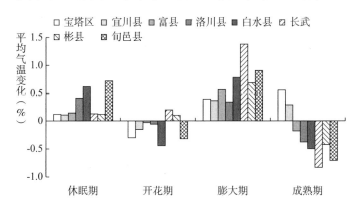

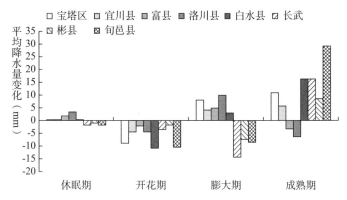

**图 3 - 2　样本县不同苹果生长阶段气候变化特征**

资料来源：中国气象数据网与县气象局。

这些证据充分表明，样本县域的年度与苹果生长不同阶段的气候特征均发生明显变化，且县域之间差异较为明显。在气候变化背景下，苹果种植户采用不同适应性行为的特征如何，是下一步需要重点论述的内容。

# 二 陕西苹果生产特征

## （一）陕西苹果生产总体特征

陕西地处黄土高原地区，该区域生态条件优越，海拔高，光照充足，昼夜温差大，土层深厚。优越的自然资源条件使陕西成为世界著名的苹果优生区，也是中国著名的苹果生产大省，以苹果为主的果业是陕西六大支柱产业之一（张雪阳等，2005），成为农民增加收入的重要来源。为了描述陕西苹果产业总体情况，本书利用历年陕西苹果生产数据，从苹果种植面积与苹果产量两个方面描绘出陕西苹果产业历史发展过程。

图 3 - 3 显示了 1994～2014 年陕西苹果种植面积及占全国的比例变化趋势。由图 3 - 3 中可以看出，过去 20 年，陕西苹果种植面积直线增长，苹果种植面积占全国的比重表现出相同的变化趋势。具体来讲，1994 年，陕西苹果种植面积为 43.6 万公顷，占全国的 16.21%，之后的 8 年内，虽然苹果种植面积呈现先增后减的趋势，但其占全国的比重稳中有增。从 2002 年开始，陕西苹果种植面积呈直线形增长，同时苹果种植面积所占比重持续缓慢增长。到 2003 年，陕西苹果种植面积为 40.15 万公顷，占全国的 21.13%，超过山东省（37.53 万公顷），成为中国苹果种植第一大省。截至 2014 年，陕西苹果种植面积达到 68.18 万公顷，是 1994 年的种植面积的 1.56 倍，种植面积占到全国总面积的近1/3，与 1994 年相比，比重增长约 12.59%。

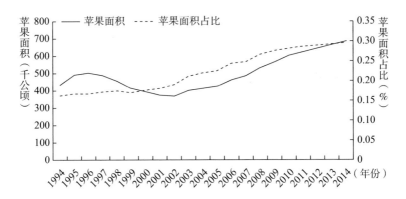

**图 3 - 3　1994～2014 年陕西苹果种植面积变化情况**

资料来源:《中国农村统计年鉴》（1995～2015 年）。

图 3-4 揭示了 1994～2014 年陕西苹果产量及其占全国总产量比重的变化情况。总体来看，陕西苹果产量与所占全国的比重均呈直线形增长，但增长过程有所差异。具体来说，1994 年，陕西苹果总产量为 178.564 万吨，占全国总产量的 16.04%。随后，该地区苹果总产量持续增长，到 2009 年，陕西苹果总产量达到 805.173 万吨，超越山东省的 771.050 万吨，成为中国苹果第一生产大省，在这一年，陕西苹果产量占全国的 25.42%；1995～2006 年，陕西苹果产量占全国比重缓慢增加，而从 2007 年开始

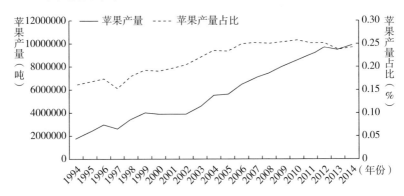

**图 3 - 4　1994～2014 年陕西苹果产量变化情况**

资料来源:《中国农村统计年鉴》（1995～2015 年）。

该数值有所下降。截至 2014 年，陕西年产苹果 988.013 万吨，占全国总苹果产量的 24.14%。

### （二）陕西苹果生产布局特征

根据农业部关于苹果重点区域发展规划要求，到 2015 年，在黄土高原优势区建设 69 个苹果重点县市，其中陕西 28 个（农业部，2010）。多年来，陕西立足资源优势，依托强大的科技支撑，在省委、省政府及各地政府的共同努力下，陕西苹果产业发展迅猛，赫然成为农业农村经济中效益最好的产业之一，也是农民增收的支柱产业。相关统计数据显示，截至 2014 年，陕西苹果基地县已增加到 30 个，主要分布于宝鸡、咸阳、渭南、延安及铜川等 5 个地区，其中包括宝鸡市的 6 个县区、咸阳市的 7 个县区、渭南市的 6 个县区、延安市的 8 个县区及铜川市的 3 个县区。陕西苹果主要基地县分布在渭北黄土高原优生区与陕北丘陵沟壑适生区两大区域，其中渭北黄土高原优生区主要包括宝鸡、咸阳、铜川及渭南 4 市，而陕北丘陵沟壑适生区主要包括延安市。

《陕西统计年鉴》的统计数据显示，2014 年咸阳市苹果种植总面积 19.3383 万公顷，总产量 461.5995 万吨，达到 5 市最高水平，延安市的苹果种植总面积与总产量次之，分别为 18.1996 万公顷、261.4373 万吨，渭南市的苹果种植总面积、总产量分别为 9.2212 万公顷、193.7295 万吨，为 5 个市区中等水平，铜川市、宝鸡市苹果种植总面积与总产量相对较低，其中宝鸡市苹果种植总面积最低，仅为 4.0472 万公顷，而铜川市苹果总产量最低，仅为 66.3312 万吨。

为了体现陕西不同苹果基地县之间的差异，本书从苹果种植面积、苹果产量及单产三个方面进行比较分析，结果见表 3 - 3。从苹果种植总面积分布来看，咸阳市的基地县苹果种植面积均较高，其中淳化县苹果种植面积为 3.4046 万公顷，在 30 个基地县最高。延安市的基地县苹果种植面积次之，其中洛川县苹果种植面积达到 3.3889 万公顷，在 30 个基地县排名第 2 位。渭南市的基地县苹果种植面积再次之，其中澄城县、白水县苹果种植面积较高，分别达到 2.5540 万公顷、2.2716 万公顷，在 30 个基地县苹果种植面积中排名第 9 位与第 11 位。铜川市、宝鸡市苹果种植面积较低，其中铜川市的印台区苹果种植面积为 2.0470 万公顷，为 30 个基地县的第 13 位，而宝鸡市的扶风县苹果种植面积仅为 0.8770 万公顷，为 30 个基地县的第 24 位，陇县的苹果种植面积为 0.4441 万公顷，为 30 个基地县的最低值。

表 3-3  陕西各个基地县苹果面积、苹果产量及单产分布情况

| 市 | 县域 | 苹果面积（万公顷） | 面积排名 | 苹果产量（万吨） | 产量排名 | 单产（吨/公顷） | 单产排名 |
|---|---|---|---|---|---|---|---|
| 宝鸡 | 陇县 | 0.4441 | 30 | 2.6067 | 29 | 5.8696 | 27 |
| | 岐山县 | 0.5600 | 28 | 9.2500 | 25 | 16.5179 | 14 |
| | 千阳县 | 0.6101 | 27 | 1.6299 | 30 | 2.6715 | 29 |
| | 陈仓区 | 0.7156 | 26 | 8.5900 | 26 | 12.0039 | 22 |
| | 凤翔县 | 0.8404 | 25 | 13.1649 | 23 | 15.6650 | 17 |
| | 扶风县 | 0.8770 | 24 | 26.9805 | 14 | 30.7645 | 2 |
| 铜川 | 宜君县 | 1.6335 | 18 | 17.1220 | 21 | 10.4818 | 25 |
| | 耀州区 | 1.7944 | 16 | 22.6843 | 19 | 12.6417 | 20 |
| | 印台区 | 2.0470 | 13 | 23.0068 | 17 | 11.2393 | 24 |
| 渭南 | 韩城市 | 0.4646 | 29 | 10.0752 | 24 | 21.6858 | 7 |
| | 富平县 | 1.1823 | 23 | 22.1605 | 20 | 18.7436 | 11 |
| | 合阳县 | 1.3503 | 21 | 26.7148 | 15 | 19.7843 | 9 |
| | 蒲城县 | 1.3984 | 20 | 16.7900 | 22 | 12.0066 | 21 |
| | 白水县 | 2.2716 | 11 | 53.5277 | 5 | 23.5639 | 5 |
| | 澄城县 | 2.5540 | 9 | 36.3804 | 11 | 14.2445 | 19 |
| 咸阳 | 长武县 | 1.8620 | 15 | 27.4050 | 12 | 14.7180 | 18 |
| | 彬县 | 2.1432 | 12 | 42.2381 | 9 | 19.7080 | 10 |
| | 永寿县 | 2.6950 | 7 | 42.6800 | 8 | 15.8367 | 16 |

续表

| 市 | 县域 | 苹果面积（万公顷） | 面积排名 | 苹果产量（万吨） | 产量排名 | 单产（吨/公顷） | 单产排名 |
|---|---|---|---|---|---|---|---|
| 咸阳 | 乾县 | 2.8493 | 6 | 49.5840 | 6 | 17.4022 | 13 |
| | 礼泉县 | 3.0312 | 5 | 117.9254 | 1 | 38.9039 | 1 |
| | 旬邑县 | 3.3530 | 3 | 54.8494 | 4 | 16.3583 | 15 |
| | 淳化县 | 3.4046 | 1 | 82.7000 | 2 | 24.2907 | 3 |
| 延安 | 延川县 | 1.2380 | 22 | 6.5095 | 27 | 5.2581 | 28 |
| | 黄陵县 | 1.5498 | 19 | 27.0500 | 13 | 17.4539 | 12 |
| | 宜川县 | 1.7698 | 17 | 41.7878 | 10 | 23.6116 | 4 |
| | 延长县 | 2.0150 | 14 | 23.0900 | 16 | 11.4591 | 23 |
| | 富县 | 2.4006 | 10 | 48.9800 | 7 | 20.4032 | 8 |
| | 安塞区 | 2.6667 | 8 | 3.2000 | 28 | 1.1999 | 30 |
| | 宝塔区 | 3.1708 | 4 | 22.8000 | 18 | 7.1906 | 26 |
| | 洛川县 | 3.3889 | 2 | 79.3000 | 3 | 23.3999 | 6 |

注：单产的数据是由该苹果基地县的苹果产量除以苹果种植面积得到。
资料来源：《2015年陕西统计年鉴》。

从苹果总产量分布来看，咸阳市的基地县苹果产量均较高，其中礼泉县苹果产量为117.9254万吨，为30个基地县最高水平，淳化县次之，苹果产量为82.7000万吨，旬邑县苹果产量为54.8494万吨，排名第4位。延安市的基地县苹果产量次之，其中洛川县苹果产量为79.3000万吨，为全部基地县的第3位。渭南市的基地县苹果产量低于延安市，其中白水县苹果产量达到53.5277万吨，为30个基地县中的第5位。宝鸡市、铜川市苹果产量较低，其中宝鸡市的扶风县苹果产量为26.9805万吨，排名第14位，千阳县苹果产量仅为1.6299万吨，为30个基地县最低水平，铜川市的印台区苹果产量为23.0068万吨，排名第17位。

从苹果单产分布来看，咸阳市基地县苹果单产整体水平较高，其中礼泉县苹果单产达到38.9039吨/公顷，为30个基地县最高，淳化县的苹果单产为24.2907吨/公顷，排名第3位。渭南市基地县单产水平次之，其中白水县苹果单产为 23.5639 吨/公顷，为 30 个基地县的第 5 位，韩城市的苹果单产排名第 7 位，为 21.6858 吨/公顷。延安市基地县苹果单产整体水平低于渭南市，其中宜川县、洛川县苹果单产分别为 23.6116 吨/公顷、23.3999 吨/公顷，分别排名第 4 位和第 6 位，而安塞县苹果单产仅为 1.1999 吨/公顷，为 30 个基地县最低水平。宝鸡市、铜川市苹果单产水平较低，其中宝鸡市的扶风县苹果单产达到 30.7645 吨/公顷，仅次于礼泉县，位于 30 个基地县中的第 2 位，铜川市的耀州区苹果单产为 12.6417 吨/公顷，排名第 20 位。

以上证据充分说明陕西 30 个苹果基地县在苹果种植面积、苹果产量及单产方面均存在较为显著的差异，即陕西不同苹果基地县苹果产业发展存在一定差异。

# 三　陕西气候变化与苹果生产布局变化关系特征

为了论述过去 20 年陕西苹果产业布局变化特征，利用陕西历年苹果基地县苹果种植面积数据，以每五年为一时间段，分析 2000 年、2005 年、2010 年及 2014 年四个时间点上陕西苹果产业布局特征，结果见表 3-4。可以看出，2000 年，咸阳市苹果种植面积 10.5608 万公顷，延安市和渭南市次之，宝鸡市和铜川市种植面积相对较小。2005 年，尽管咸阳市苹果种植面积依旧排名第 1 位，但延安市苹果种植面积增加明显，同比增长 44.92%，铜川市苹果种植面积增加幅度较小，而渭南市和宝鸡市苹果种植面积有所下降。2010 年，铜川市和宝鸡市苹果种植面积同比增长率均超过 50%，延安市和咸阳市苹果种植面积同比增长率次之，约为 43%，渭南市苹果种植面积同比增长率相对较小，仅为 29.13%。2014 年，宝鸡市苹果种植面积同比增长率达到 52.75%，为五市

最高，渭南市、铜川市和延安市苹果种植面积同比增长率位于
10% ~ 13%，而咸阳市苹果种植面积同比增长率仅为 4.60%。与
2000 年相比，2014 年铜川市、延安市和宝鸡市苹果种植面积增
长幅度超过一倍，而咸阳市和渭南市苹果种植面积增长幅度较
小。这些证据充分说明过去 20 年，陕西苹果产业布局呈现"西
移北扩"趋势，西移是指苹果种植从渭北咸阳市和渭南市向宝鸡
市转移，北扩是指苹果种植从渭北咸阳市和渭南市向铜川市和陕
北延安市转移。从地形地貌来看，陕西苹果种植呈现从平原地区
向丘陵沟壑地区转移的趋势。丘陵沟壑地区气候异常明显，导致
这些地区苹果产业对气候变化更为敏感和脆弱，使得苹果种植户
适应气候变化更为迫切和需要。

表 3 - 4　陕西不同时间点不同地级市苹果种植面积

单位：万公顷

| 地级市 | 2000 年 | 2005 年 | 2010 年 | 2014 年 |
|--------|---------|---------|---------|---------|
| 铜川市 | 1.9173 | 2.5140 | 4.8693 | 5.4749 |
| 宝鸡市 | 1.9584 | 1.7552 | 2.6495 | 4.0472 |
| 渭南市 | 7.1509 | 6.3468 | 8.1957 | 9.2212 |
| 延安市 | 7.9942 | 11.5849 | 16.5116 | 18.1996 |
| 咸阳市 | 10.5608 | 12.8592 | 18.4876 | 19.3383 |

注：根据苹果基地县数据计算每个地级市苹果种植面积。
资料来源：《陕西统计年鉴》（2001 ~ 2015 年）。

在此基础上，分析陕西气候变化与苹果生产布局关系特征。
运用重心概念及相关公式[①]，采用陕西各主要生产苹果的地级市
的苹果种植面积、年平均气温及年降水量数据计算 1999 ~ 2014
年陕西苹果生产重心、气温重心和降水量重心，并利用变动一

————————

① 具体计算公式参考文献仲俊涛等（2014），在此不再赘述。

致性①与相关性两个指标对三者之间的耦合关系进行研究。

从总体变动趋势来看（见图3-5），在经度方面：1999~2003年，陕西苹果生产重心向低经度移动，2004年以后，苹果生产重心方向发生明显变化，开始向高经度移动，2011年，苹果生产重心变化再次出现逆转，有向低经度移动的趋势，说明近年来陕西苹果种植出现西移现象。气温重心变化较为一致，逐年向低经度移动，说明陕西的西部地区气温有所增加。降水量重心呈

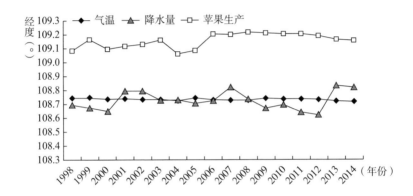

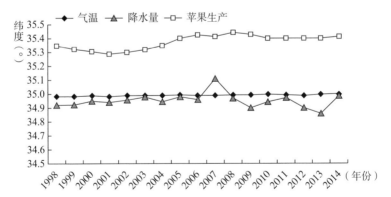

图3-5 苹果生产重心与气温、降水量重心在经纬度上的演变路径

① 变动一致性指两种重心相对上一时间点移动的矢量夹角，取值范围为 [0°，180°]，用它的余弦值表示，则余弦值取值范围为 [-1，1]；当余弦值等于-1时，说明两者方向相反，反之，表示两者方向相同。

现波动式向高经度移动趋势，说明陕西的东部地区降水量增多。在纬度方面：陕西苹果生产重心在 1999~2001 年有明显的向低纬度移动趋势，之后逐年向高纬度移动，说明陕西苹果种植北扩趋势明显。气温重心呈现逐年向高纬度移动趋势，说明陕西北部地区气温增加明显。1999~2006 年，降水量重心向高纬度移动，之后逐年向低纬度移动，说明陕西南部地区降水量有所增加。总体来看，陕西苹果生产重心、气温重心呈现西移北扩趋势，而降水量重心有向东南方向变化的趋势。

从变动一致性来看（见图 3-6），苹果生产重心与气温重心的变动一致性多数年份大于 0，说明苹果生产与气温的变化方向较为一致，两者均呈现西移北扩趋势；苹果生产重心与降水量重心的变动一致性多数年份小于 0，说明苹果生产与降水量的变动趋势相反，即降水量向东南运动。

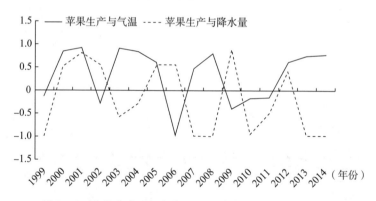

图 3-6　苹果生产重心与气温、降水量重心的变动一致性

通过计算陕西苹果生产重心与气温、降水量重心在经纬度上的相关系数（见表 3-5），可知仅气温和苹果生产重心在纬度上的相关系数为 0.4565，通过 5% 的显著性水平检验，其他相关系数不显著，说明陕西苹果生产种植在纬度上的变化与气温变化密切正相关。以上证据表明，陕西气候变化特别是气温变化与苹果生产布局之间存在紧密联系，这与上述分析结论一致。

表 3 - 5 苹果生产重心与气温、降水量重心在经纬度上的相关性

| | | 苹果生产 | 气温 | 降水量 | | 苹果生产 | 气温 | 降水量 |
|---|---|---|---|---|---|---|---|---|
| | 苹果生产 | 1 | | | | 1 | | |
| 经度 | 气温 | - 0.2374 | 1 | | 纬度 | 0.4565** | 1 | |
| | 降水量 | - 0.0572 | - 0.5676 | 1 | | 0.1377 | - 0.0758 | 1 |

注：** 表示在 5% 的水平下显著。

## 四 苹果种植户气候变化适应性行为特征分析

### （一）苹果种植户气候变化认知特征

认知是行为的基础（吕亚荣、陈淑芬，2010）。苹果种植户适应性行为选择是建立在对气候变化认知的基础上，因此，在揭示苹果种植户气候变化适应性行为特征之前，有必要对苹果种植户气候变化认知进行系统分析和总结。本书从苹果种植户对气温变化认知、对降水量变化认知、对苹果开花期冻灾认知、对苹果膨大期干旱认知及气候变化对苹果生产影响认知等方面描述种植户气候变化认知特征。

从样本苹果种植户对气温、降水量变化认知情况来看（见图3 - 7），86.43%的苹果种植户认为过去五年平均气温有明显上升，8.75%的苹果种植户认为气温未发生变化，而4.83%的苹果种植户认为气温有所下降；46.61%的苹果种植户认为过去五年降水量有明显减少，36.80%的苹果种植户认为降水量有所增加，而16.59%的苹果种植户认为降水量没有发生变化。总体来看，苹果种植户一致认为年平均气温正在上升，而年平均降水量正在减少。不同样本县域苹果种植户对气温变化与降水量变化认知有所差异。具体来讲，不同样本县苹果种植户对气温变化认知较为一致，均认为过去五年平均气温明显上升，而不同样本县苹果种

植户对降水量变化认知存在差异,其中宝塔区、长武、彬县及旬邑所在地区苹果种植户一致认为过去五年降水量有所增加,而宜川、富县、洛川及白水苹果种植户则认为降水量有所下降。

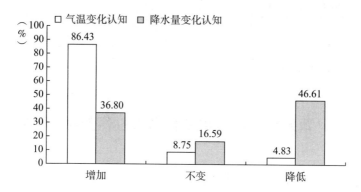

图 3-7　样本种植户对气温与降水量变化认知情况

在样本苹果种植户关于气候变化对苹果生产影响认知情况中(见图 3-8),90.95% 的苹果种植户认为气候变化已经对苹果种植造成严重影响,且这种认知在 8 个苹果基地县苹果种植户之间较为一致,这说明当前苹果种植户已经充分认识到气候变化对苹果生产带来的影响。

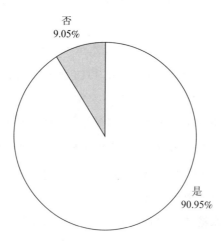

图 3-8　样本种植户关于气候变化对苹果生产影响的认知情况

在此基础上，分别对苹果生长两个关键阶段气象灾害发生情况的苹果种植户认知进行描述性分析。从样本种植户对苹果开花期冻灾认知情况来看（见图3－9），在冻灾发生次数认知方面，62.29%的苹果种植户认为近年来苹果开花期冻灾出现次数有所增加，23.23%的苹果种植户认为冻灾次数有所减少，14.48%的苹果种植户认为冻灾次数没有发生变化；在冻灾影响程度认知方面，63.80%的苹果种植户认为苹果开花期冻灾影响程度有所加重，21.42%的苹果种植户认为冻灾影响程度有所下降，而14.78%的苹果种植户认为冻灾影响程度保持不变。

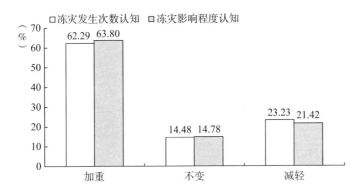

**图3－9  样本种植户对苹果开花期冻灾的认知情况**

不同样本县苹果种植户对苹果开花期冻灾发生次数与影响程度认知存在较小差异。除白水县苹果种植户认为冻灾次数与冻灾影响程度有所下降之外，其余7个苹果基地县苹果种植户一致认为冻灾发生次数与冻灾影响程度有所增加。这些证据表明，苹果种植户总体认为近年来苹果开花期冻灾出现的次数及其影响程度呈现加重趋势，而不同苹果种植户认知存在差异。其中的主要原因是，当前中国苹果种植细碎化程度较高，苹果种植户经营地果园地块数较多，某块果园可能前两年遭受冻灾，但现在并未遭受，同时气候变化的影响具有区域差异性，即同一县域内，某些苹果种植户果园可能遭受冻灾，而其他苹果种植户可能并未遭受冻灾。

从样本种植户对苹果膨大期干旱的认知情况来看（见图3-10），在干旱发生次数认知方面，65.01%的苹果种植户认为近年来苹果膨大期干旱发生次数有所增加，20.66%的苹果种植户认为干旱发生次数有所下降，而14.33%的苹果种植户认为干旱发生次数没有变化；在干旱影响程度认知方面，68.17%的苹果种植户认为近年来苹果膨大期干旱影响程度有所加剧，而15.84%的苹果种植户认为干旱影响程度有所减弱，15.99%的苹果种植户认为干旱影响程度没有发生变化。

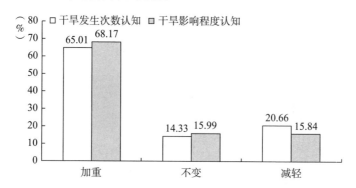

图3-10 样本种植户对苹果膨大期干旱认知情况

不同样本县苹果种植户对苹果膨大期干旱发生次数与影响程度认知较为一致。8个苹果基地县苹果种植户一致认为苹果膨大期干旱发生次数有所增加，且影响程度加剧。总体来看，苹果种植户普遍认为苹果膨大期干旱的发生次数有所增加，同时其对苹果的影响程度正在加剧。以上所有证据表明，当前苹果种植户对苹果生长期气候变化及其影响的认知水平相对较高，这为他们在苹果生产过程中选择不同类型的应对措施适应气候变化提供可能。

## （二）苹果种植户气候变化适应性措施市场特征

苹果种植户作为苹果产业气候变化适应性措施的需求者，受到苹果产业适应性措施供给市场环境的激励与引导。因此，在对苹果种植户气候变化适应性行为描述性统计分析之前，有必要对苹果产业适应性措施供给市场的有效性进行判断。

适应性措施供给市场是以气候变化适应性措施为主要客体，以适应性措施供给者和需求者为主体的特定市场，其中苹果产业适应性措施供给主体包括政府技术推广部门、农资供应商及农民专业合作社，苹果产业适应性措施需求主体是苹果种植户（见图3－11）。政府技术推广部门是由政府扶持以信息传播、政策实施、基础设施投资为主要目的引导苹果种植户进行苹果生产。农资供应商是以追求利润为核心，以市场为导向，按照市场制度安排为苹果种植户提供商品化的产品及技术服务。农民专业合作社作为苹果种植户联合体，按照合作经济制度安排在社员内部提供产品及技术服务。只有苹果产业中适应性措施供给是有效的才能够满足苹果种植户气候变化适应性措施实际需求。

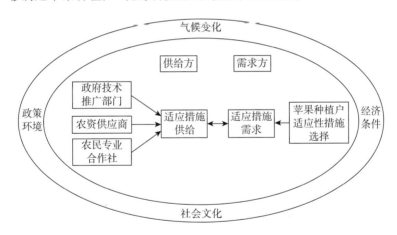

**图3－11　苹果产业气候变化适应性措施市场特征**

由理论分析结论可知，苹果种植户气候变化适应性措施主要包括熏烟、喷打防冻剂、覆膜、人工种草及灌溉，其中防冻剂、黑地膜、草种及灌溉是苹果种植户能从苹果产业气候变化适应性措施市场的供给主体交换得到的商品。因此，本书以村庄为研究单元，从这四个方面分析苹果产业气候变化适应性措施市场供给的有效性，结果见表 3 – 6。可以看出，在防冻剂供给方面，三个供给主体占比达到 94.12%，其中农资供应商所占比例为 82.35%，远高于政府技术推广部门（1.96%）与农民专业合作社（9.80%），说明对于防冻剂这种市场化程度较高的商品而言，农资供应商是其主要供给主体；在黑地膜供给方面，三个供给主体占比 88.24%，其中农资供应商所占比例为 43.14%，政府技术推广部门（29.41%）次之，农民专业合作社占比最低，为 15.69%，说明对于黑地膜而言，农资供应商、政府技术推广部门是其主要的供给主体；在草种供给方面，仅 37.25% 的村庄存在草种供给，其中政府技术推广部门占比最高，达到 25.49%，而农资供应商与农民专业合作社占比相对较低，分别为 7.84%、3.92%，说明对于草种而言，市场供给水平较低，以政府技术推广部门为主；在灌溉方面，仅 17.65% 的村庄具备农业灌溉条件，这说明该地区农业生产水资源相对匮乏，限制苹果种植户采用灌溉适应气候变化。以上证据表明，当前苹果产业气候变化适应性措施供给市场较为活跃，能够为苹果种植户提供适应气候变化的商品或技术服务，引导其积极适应气候变化。

表 3 – 6　苹果产业气候变化适应性措施供给情况

单位：%

| 供给主体 | 防冻剂 | 黑地膜 | 草种 | 灌溉 |
|---|---|---|---|---|
| 政府技术推广部门 | 1.9608 | 29.4118 | 25.4902 | 17.6471 |
| 农资供应商 | 82.3529 | 43.1373 | 7.8431 | — |
| 农民专业合作社 | 9.8039 | 15.6863 | 3.9216 | — |
| 合计 | 94.1176 | 88.2354 | 37.2549 | 17.6471 |

## （三）苹果种植户气候变化适应性措施采用特征

在此基础上，利用陕西苹果种植户微观调查数据，对苹果种植户气候变化不同适应性行为采用特征进行描述性统计分析，见表 3 - 7。

**表 3 - 7 陕西苹果种植户气候变化适应性行为选择分析**

单位:%，户

| 采用与否 | 熏烟 | | 防冻剂 | | 灌溉 | | 覆膜 | | 人工种草 | |
|---|---|---|---|---|---|---|---|---|---|---|
| | 户数 | 比例 | 户数 | 比例 | 户数 | 比例 | 户数 | 比例 | 户数 | 比例 |
| 采用 | 294 | 44.34 | 252 | 38.01 | 86 | 12.97 | 121 | 18.25 | 100 | 15.08 |
| 未采用 | 369 | 55.66 | 411 | 61.99 | 577 | 87.03 | 542 | 81.75 | 563 | 84.92 |

为测度苹果开花期苹果种植户适应性措施采用情况，在调查时询问苹果种植户"苹果开花期您是否采用应对气候变化的措施?"若回答"是"，则继续询问"您采用的应对措施包括哪些? 采用这些措施的苹果面积为几亩?"苹果种植户在生产实践时，往往采用其中 种或几种的结合，这些均被认为是苹果种植户发生了适应性行为。陕西苹果基地县苹果种植户微观调查数据显示，对于苹果开花期内低温、降水量减少的气候变化特征，409户种植户采用熏烟、防冻剂应对苹果开花期的气候变化，占到总样本的 61.69%，其中 294 户果农采用果园熏烟的方式应对，占到 44.34%，为适应性行为中采用比例最高的，而 38.01% 的果农选择为果树喷打防冻剂方式应对气候变化，低于熏烟的采用比例，主要原因在于防冻剂属于新型果园预防花期低温的技术手段，只有苹果产业发展较早地区采用较多，而发展落后地区果农普遍认知较低。利用陕西苹果种植户微观调查数据，对苹果种植户未选择花期适应性行为的原因进行分析发现，气象信息预警缺乏是限制苹果种植户选择放烟的关键原因，而防冻剂认知不足是苹果种植户未选择防冻剂应对花期气候变化的最主要原因。此外，由于苹果种植户社会、经济特征不同，其采用适应性措施的强度也不同，书中以苹果种植户采用适应性措施的种植面积表示

该措施的采用强度。调查发现，苹果种植户采用熏烟或防冻剂应对花期气候变化的户均强度为 8.37 亩，小于户均苹果种植面积 10.18 亩。说明目前苹果开花期苹果种植户适应性措施的采用强度较低。

为测度苹果膨大期苹果种植户适应性措施采用情况，在调查时询问苹果种植户"苹果膨大期您是否采用应对气候变化的措施？"若回答"是"，则继续询问"您采用的应对措施包括哪些？采用这些措施的苹果面积为几亩？"根据陕西苹果基地县苹果种植户微观调查数据显示，对于苹果膨大期持续高温、降水量减少的气候变化特征，样本苹果种植户中仅有 27.90%（185 户采用，478 户未采用）的苹果种植户采用果园覆盖措施适应气候变化，其中 121 户采用果园覆黑地膜措施，100 户苹果种植户采用果园人工种草或铺秸秆措施，分别占到总样本的 18.25%、15.08%，表明苹果种植户苹果膨大期气候变化适应性行为选择比例较低，这与苹果种植户对两类适应性措施认知水平较低密切相关。在对苹果种植户未选择原因进行分析发现，81.92% 的苹果种植户未选择覆黑地膜的原因是认知水平不高，87.03% 的苹果种植户未选择人工种草或铺秸秆的原因是认知不足。此外，苹果种植户采用果园覆盖措施的户均采用强度为 5.41 亩，小于户均苹果种植面积 10.18 亩，说明目前在苹果膨大期内苹果种植户适应性措施的采用强度较低。

为测度苹果种植户灌溉措施采用情况，在调查时询问苹果种植户"您是否为果园灌溉？"若回答"是"，则继续询问"您的灌溉面积为几亩？"陕西苹果基地县苹果种植户微观调查数据显示，对于苹果整个生长周期内的气候变化特征，样本苹果种植户中，仅 86 户采用增加灌溉的方式适应气候变化，占总样本的 12.97%，这一比例较低的主要原因是陕西位于黄土高原地区，水资源严重匮乏，无法正常满足苹果种植户农业生产用水需求。

同时调查发现，采用增加灌溉的苹果种植户户均采用强度为 7.89 亩，小于户均苹果种植面积 10.18 亩，说明目前苹果种植户的灌溉措施的采用强度同样较低。

为了体现不同地区苹果种植户气候变化适应性措施的差异性，本书按照样本区域划分，分别考察 8 个样本县域内苹果种植户气候变化适应性措施的采用比例与强度差异，结果见表 3 – 8 与图 3 – 12。

**表 3 – 8 不同县域苹果种植户气候变化适应性行为选择分析**

单位：%

| 适应性措施 | 宝塔区 | 宜川 | 富县 | 洛川 | 白水 | 长武 | 彬县 | 旬邑 |
|---|---|---|---|---|---|---|---|---|
| 熏烟 | 73.4177 | 30.5882 | 35.2273 | 66.6667 | 28.5714 | 59.2593 | 18.2927 | 45.7831 |
| 防冻剂 | 36.7089 | 25.8824 | 36.3636 | 27.1605 | 32.1429 | 53.0864 | 42.6829 | 50.6024 |
| 覆膜 | 24.0506 | 4.7059 | 9.0909 | 16.0494 | 35.7143 | 23.4568 | 3.6585 | 30.1205 |
| 人工种草 | 30.3797 | 12.9412 | 18.1818 | 27.1605 | 9.5238 | 4.9383 | 3.6585 | 14.4578 |
| 灌溉 | 1.2658 | 4.7059 | 1.1364 | 6.1728 | 71.4286 | 13.5802 | 1.2195 | 3.6145 |

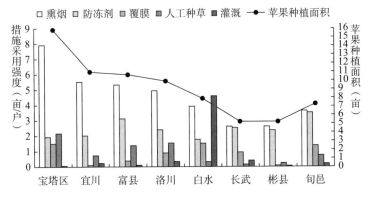

**图 3 – 12 不同县域苹果种植户适应性行为采用强度分析**

从表 3 – 8 可以看出，不同地区苹果种植户气候变化适应性行为采用比例存在显著差异。宝塔区采用熏烟的苹果种植户比例占到 73.42%，为 8 个样本县最高，洛川、长武、旬邑及富县次之，采用熏烟的苹果种植户比例超过 1/3，而宜川、白水、彬县的苹果种植户采用比例较低，其中彬县苹果种植户的采用比例仅为 18.29%，为样本县最低水平。在防冻剂方面，长武、旬邑及彬县苹果种植户的采用比例较高，均超过 40%，宝塔区、富县苹果种植户采用防冻剂适应气候变化的比例较为相似，达到 36% 以上，白水次之，洛川、宜川苹果种植户的采用比例小于 30%，分别为 27.16%、25.88%。在覆膜方面，白水县苹果种植户采用覆膜的比例最高，达到 35.71%，旬邑、宝塔区次之，延安市的 4 个县区苹果种植户的采用比例较低，其中宜川采用比例仅为 4.71%，彬县苹果种植户的采用比例为 8 个样本县最低，为 3.66%。在人工种草方面，除延安市的宝塔区和洛川县苹果种植户的采用比例超过 20% 之外，其余 6 个县域的采用比例均低于 20%，以彬县的采用比例最低。在灌溉方面，除白水县苹果种植户灌溉的比例达到 71.43% 之外，其余 7 个县区的苹果种植户采用灌溉措施的比例基本低于 10%，富县灌溉比例为 1.14%，为 8 个样本县最低。从不同适应性措施对比来看，在 8 个样本县内，熏烟是苹果种植户采用比例最高的措施，而其他措施的采用比例较低，主要原因是采用熏烟成本低，费时少，苹果种植户只需要根据气象信息及时操作即可，对苹果种植户自身禀赋要求低，而其他适应性措施，如防冻剂、覆膜及人工种草需要大量信息输入，投入成本较高，对苹果种植户禀赋的要求也相对较高，导致这些措施的采用水平整体较低。

图 3 - 12 显示，不同地区苹果种植户采用适应性措施的强度差异明显。在熏烟方面，延安市的宝塔区、宜川、富县及洛川的户均采用强度高于其他地区，达到 5 亩以上，渭南市的白水采用强度次之（3.9 亩/户），而咸阳市的旬邑、长武及彬县的苹果种植户采用强度较低，这 8 个样本县的苹果种植户熏烟采用强度均低于其户均苹果种植规模。在防冻剂方面，咸阳市的旬邑、长武

及彬县的苹果种植户采用强度较高，占到户均种植规模的 50% 以上，延安市的富县、洛川、宜川及宝塔区采用强度次之，而渭南市的白水苹果种植户采用强度最低，每户家庭采用仅为 1.8 亩。在覆膜方面，渭南市的白水和延安市的宝塔区的苹果种植户采用强度相似，且为样本县中最高水平，达到户均 1.5 亩以上，其他样本县苹果种植户的采用强度均低于 1 亩。在人工种草方面，延安市的宝塔区、洛川及富县苹果种植户采用强度较高，均在 1 亩以上，而其他 5 个样本县的苹果种植户采用强度低于 1 亩，其中长武苹果种植户采用强度仅为 0.15 亩，为最低水平。在灌溉方面，渭南市的白水县苹果种植户采用强度达到 4.62 亩以上，为 8 个样本县的最高水平，其余 7 个样本县苹果种植户采用强度均在 0.5 亩以下。不同地区的苹果种植户采用各类适应性措施的强度均远远低于户均种植规模，主要原因是：一方面，自然资源短缺，如水资源短缺，导致苹果种植户无法有效利用水资源灌溉应对气候变化，信息传播不到位，如苹果开花期低温预报与预警信息，使得苹果种植户无法有效地采用熏烟及喷打防冻剂减轻低温对苹果的影响；另一方面，苹果种植户对防冻剂、覆膜及人工种草的认知水平较低，导致苹果种植户不愿意大规模采用这些措施，只做部分尝试，大大限制了苹果种植户适应气候变化的强度，无法实现规模效益。

在此基础上，分析不同地区苹果种植户采用不同适应性行为的成本，结果见表 3-9。总体来看，不同地区苹果种植户采用不同适应性措施的成本差异明显。在熏烟方面，长武苹果种植户采用成本最高，达到每亩地 26.9 元，富县、彬县、旬邑及宝塔区的采用成本次之，宜川、白水及洛川的采用成本较为类似，约为每亩地 11 元。在防冻剂方面，延安市的富县、宜川、宝塔区及洛川苹果种植户采用成本较高，长武、白水苹果种植户的采用成本较为相似，每亩果园 20 元左右，而旬邑、彬县苹果种植户适应成本较低。

表 3 - 9　不同地区苹果种植户不同适应性措施成本分析

单位：元/亩

| 适应性<br>措施 | 宝塔区 | 宜川 | 富县 | 洛川 | 白水 | 长武 | 彬县 | 旬邑 |
|---|---|---|---|---|---|---|---|---|
| 熏烟 | 15.2385 | 11.7093 | 20.4853 | 10.7165 | 11.0736 | 26.9419 | 19.8176 | 16.1583 |
| 防冻剂 | 19.8520 | 25.3330 | 28.9787 | 17.2776 | 20.0673 | 20.3381 | 10.8352 | 14.1003 |
| 覆膜 | 58.2908 | 50.0000 | 47.7841 | 35.1468 | 38.2197 | 50.5263 | 36.6667 | 48.8429 |
| 人工种草 | 11.6877 | 10.9091 | 14.6540 | 11.1591 | 19.6875 | 25.4167 | 9.0064 | 20.0370 |
| 灌溉 | 33.3333 | 293.7500 | 27.7778 | 79.0000 | 271.2770 | 143.3217 | 18.1818 | 164.1667 |

注：在计算亩均适应性措施投入成本时，仅考虑苹果种植户采用适应性措施的单位成本。在计算熏烟成本时，由于苹果种植户利用果树叶、秸秆等，无法正常计算其成本，为此，我们通过苹果种植户用工时间的机会成本计算熏烟的投入成本。

在覆膜方面，宝塔区苹果种植户采用成本最高，为每亩 58元左右，长武、宜川次之，每亩果园投入约 50 元，旬邑与富县苹果种植户的采用成本约为 48 元，白水、彬县及洛川的苹果种植户采用成本较低，其中以洛川苹果种植户的采用成本最低，仅为 35 元。在人工种草方面，长武、旬邑的苹果种植户采用成本较高，分别为 25 元/亩、20 元/亩，白水的苹果种植户采用成本次之，延安市的 4 个县区的苹果种植户采用成本差异较小，每亩投入成本为 11~15 元，而彬县的投入成本最低，每亩投入仅为 9元。在灌溉方面，宜川县苹果种植户亩均灌溉成本为 294 元，为8 个样本县最高水平，白水县苹果种植户亩均灌溉成本次之，为271 元，旬邑、长武的苹果种植户亩均灌溉成本分别为 164 元、143 元，而洛川、宝塔区、富县及彬县苹果种植户采用的灌溉成本较低，其中彬县苹果种植户亩均灌溉成本为 18 元，为 8 个样本县最低水平。在 5 个适应性措施中，苹果种植户亩均灌溉成本最高，覆膜次之，防冻剂、熏烟亩均投入成本较为接近，而人工种草的亩均投入成本最低。

# 五　本章小结

本章基于陕西气候变化与 8 个苹果基地县苹果种植户微观调查数据，利用描述性统计分析方法，从气候变化特征、苹果生产布局特征及苹果种植户适应性行为特征维度，揭示陕西气候变化、苹果生产布局变化特征及苹果种植户气候变化适应性行为选择特征。

（1）陕西气候变化趋势明显，且不同苹果生长阶段气候变化特征差异明显。陕西年平均气温增加趋势明显，而年平均降水量呈现先增加后下降的变化趋势；苹果休眠期、膨大期及成熟期的气温变化增加趋势明显，而开花期的平均气温呈现先增加后下降的变化趋势；苹果休眠期、膨大期的降水量变化均呈现倒"U"形趋势，开花期、成熟期的降水量分别有所下降、增加。样本县年平均气温有所上升，年平均降水量变化呈现不同趋势；苹果开花期的平均气温下降明显，膨大期平均气温增加明显，而不同苹果生长阶段的平均降水量变化差异显著。

（2）陕西苹果产业布局呈现"西移北扩"趋势，苹果种植从平原地区向丘陵沟壑区转移，且这种变化趋势与气候变化密切相关。西移是指苹果种植从渭北咸阳市和渭南市向宝鸡市转移，北扩是指苹果种植从渭北咸阳市和渭南市向铜川市和陕北延安市转移，这一变化特征与气候因素变化息息相关。从地形地貌来看，陕西苹果种植从平原地区向丘陵沟壑地区转移，而丘陵沟壑地区对气候变化更为敏感，这使苹果种植户适应气候变化更为迫切和需要。

（3）苹果种植户气候变化认知较为一致。苹果种植户普遍认为年平均气温上升，而年平均降水量减少，同时苹果开花期冻灾与苹果膨大期干旱发生次数与影响程度均有所增加，对苹果生产带来严重影响。

（4）不同苹果生长阶段的苹果种植户气候变化适应性行为选择存在差异，但整体采用水平较低，且区域差异明显。对于苹果开花期气候变化特征，苹果种植户中 44.34% 采用果园熏烟措施，而 38.01% 选择为果树喷打防冻剂措施，两类措施的户均采用强度为 8.37 亩，其中延安市的宝塔区、宜川县、富县及洛川县苹果种植户适应水平较高，渭南市的白水县次之，而咸阳市的长武县、彬县及旬邑县适应水平较低；对于苹果膨大期气候变化特征，苹果种植户中 18.25% 采用果园覆黑地膜措施，15.08% 采用果园人工种草或铺秸秆措施，且户均采用强度 5.41 亩，其中延安市四个县区的苹果种植户采用比例较高，渭南市白水县次之，咸阳市三个县的整体水平较低；对于苹果整个生长周期气候变化特征，苹果种植户中仅 12.97% 采用增加灌溉的措施，户均灌溉面积 7.89 亩，其中渭南市的白水县苹果种植户灌溉比例最高，其余 7 个县区苹果种植户灌溉比例较低。

# 第四章 ◀
# 气候变化对苹果种植户苹果
# 净收益影响分析

以经济学理论为指导，评估气候变化对苹果种植户苹果净收益的影响是促进苹果种植户进一步适应气候变化，提高适应能力的重要前提。本章在借鉴国内外关于气候变化对农业生产影响最新研究成果的基础上，梳理苹果重要生长阶段气候变化因素，依据微观经济学理论分别建立包含年度与不同苹果生长阶段气候因素及其变化在内的苹果种植户净收益 Ricardian 模型，并利用陕西苹果种植户微观调查数据与各个样本县气候数据，测算气候变化对陕西苹果种植户苹果净收益的经济影响，识别影响种植户净收益的关键气候因素，从而验证气候变化对苹果种植户苹果净收益产生影响的理论假设。

## 一 气候变化对苹果种植户苹果净收益
## 影响机理与模型构建

本章采用 Ricardian 模型评估气候变化对苹果种植户亩均苹果净收益的影响，主要是因为 Ricardian 模型不仅分析农业生产的效益，还考虑了影响农业生产效益的其他因素，如劳动力、化肥及农药等投入要素，它阐释了苹果种植户在气候变化外生风险下实施生产行为调整的结果。该模型假设苹果种植户是在外生条件下追求收益最大化（Wang et al.，2009，2014）。假定苹果种植户在单位耕地上进行生产投入和作物生产以追求净收益最大化为目标（Mendelsohn et al.，1994），公式可表示为：

$$\max \pi = pQ(L, K, X, IR, C, W, S) - p_L L - p_K K - \sum_i p_{ix} X_i - p_{IR} IR \quad (4-1)$$

其中 $\pi$ 为单位土地上的净收益，即单位土地苹果总收益与总成本之差；$p$ 表示苹果销售价格；$Q$ 为农产品生产函数，即亩均苹果产量；$L$ 表示劳动投入；$K$ 表示资本投入，如套袋，反光膜等；$X$ 表示其他要素投入，如化肥、农药等；$IR$ 表示灌溉投入；$C$ 表示外部气候因素；$W$ 表示灌溉可得性变量；$S$ 表示土地种植条件变量；$p_L$、$p_K$、$p_X$ 及 $p_{IR}$ 分别表示各投入要素的价格。

为了实现净收益最大化，苹果种植户会选择每一种内生的要素投入量，这将导致选择之后的苹果种植户净收益仅仅是外生变量的函数（Mendelsohn et al.，1994；Wang et al.，2009，2014），即：

$$\pi^* = f(p, C, W, S, p_L, p_K, p_X, p_{IR}) \quad (4-2)$$

由于在土地市场完全竞争条件下，自由进入或退出保证超额利润为零，这意味着，土地地租应当等价于单位土地上的净收益（Mendelsohn et al.，1994；Ricardo，1817；Wang et al.，2009）。但是有些国家土地市场不健全，土地价值不能被确定，则需要通过计算得到单位土地农业净收益（Mendelsohn and Dinar，1999；Wang et al.，2014）。

Ricardian 模型被用于解释不同气候条件下不同地区单位耕地的土地价值变动（Mendelsohn et al.，1994）。已有研究发现，在美国、巴西、斯里兰卡以及中国，单位耕地的土地价值对季节性气温和降水量变化较为敏感（Mendelsohn and Dinar，1999，2003；Seo and Mendelsohn，2008；Seo et al.，2005；Wang et al.，2014）。

为了实证分析气候因素对苹果种植户净收益的影响程度，设定苹果种植户的亩均苹果净收益可表示为：

$$NetR = \alpha_0 + \alpha_1 T + \alpha_2 P + \sum_i \beta_i Z_i + \varepsilon_1 \qquad (4-3)$$

其中 $NetR$ 表示苹果种植户的亩均苹果净收益；$T$、$P$ 分别表示苹果种植户所在县域的气温、降水量，这里采用该地区年平均气温和降水量表示；$Z_i$ 表示其他控制变量，包括村庄特征变量与苹果种植户个体特征变量，其中村庄特征变量有灌溉可得性、市场距离、苹果种植专业化水平（苹果种植面积占比），家庭特征变量包括家庭劳动力受教育程度、劳动能力、合作组织参与、土地规模、果园是否为平地、果园灌溉条件、果园受灾情况、果树树龄、果树密度；$\alpha_i$、$\beta_i$ 为待估计参数；$\varepsilon_1$ 为随机误差项。

为了进一步识别苹果不同生长阶段气温和降水量变化对苹果种植户苹果净收益的影响程度，本书选择四个季度的气温和降水量作为气候因素，主要是因为气温和降水量在月份之间存在高度相关性，将所有月份的数值纳入方程进行计量分析是不可能的（Wang et al.，2014），且这四个季度与苹果关键生长阶段一一对应，因此，将 12 个月份按照季度进行划分，并取季度气温和降水量的平均值。其中冬季（苹果休眠期）气温和降水量的数值是前一年 12 月至当年 2 月的平均值；春季（苹果开花期）的数值是当年 3~5 月的平均值；夏季（苹果膨大期）是当年 6~8 月的平均值；秋季（苹果成熟期）是当年 9~11 月的平均值。

需要说明的是，将苹果种植户所在地区当年气温和降水量作为气候因素能够较好地反映外部气候条件对苹果种植户净收益的影响，但这种反映不能客观描述气候条件的变化对净收益带来的影响。为此，我们将气温与降水量的变动程度作为核心变量纳入到方程中，得到方程如下：

$$NetR = \alpha_0 + \alpha_1 TV + \alpha_2 PV + \sum_i \beta_i Z_i + \varepsilon_2 \qquad (4-4)$$

其中 TV、PV 分别表示该地区当年的气温与降水量的变化程度，即该地区当年的气温、降水量与其一段时期（2010~2014 年）平均水平的离差；其余变量与参数的含义与上式一致；$\varepsilon_2$ 为随机误差项。

# 二 苹果种植户特征及描述性统计分析

## （一）样本苹果种植户基本特征

样本苹果种植户的基本特征描述见表 4 - 1。从表 4 - 1 可以看出，被调查者以男性为主，占到 97.89%，以中老年农民为主，46 岁及以上苹果种植户占到总样本的 72.85%，受教育程度以初中文化水平居多，家庭农业劳动力人数主要以中等为主，劳动力为 2 人的家庭占到 76.62%，苹果种植面积以中等规模为主，种植面积 6~10 亩的家庭占比最高，达到 41.93%。在气候变化对苹果生产影响感知方面，90.95% 的被调查对象已经感知到气候变化对苹果生产带来了影响，说明气候变化已成为苹果种植户生产经营过程中关注的重点。

表 4 - 1 样本苹果种植户基本特征统计

单位：人，%

| 统计指标 | 特征 | 样本数 | 比例 | 统计指标 | 特征 | 样本数 | 比例 |
|---|---|---|---|---|---|---|---|
| 性别 | 男 | 649 | 97.89 | 农业劳动力人数（人） | 1 及以下 | 60 | 9.05 |
| | 女 | 14 | 2.11 | | 2 | 508 | 76.62 |
| 年龄（岁） | 25~35 | 32 | 4.83 | | 3 及以上 | 95 | 14.33 |
| | 36~45 | 148 | 22.32 | 苹果种植面积（亩） | 5 及以下 | 209 | 31.52 |
| | 46~55 | 286 | 43.14 | | 6~10 | 278 | 41.93 |
| | 56 及以上 | 197 | 29.71 | | 11 及以上 | 176 | 26.55 |
| 受教育程度 | 小学及以下 | 174 | 26.24 | 气候变化对苹果生产影响感知 | 是 | 603 | 90.95 |
| | 初中 | 369 | 55.66 | | 否 | 60 | 9.05 |
| | 高中或中专 | 115 | 17.35 | | | | |
| | 大专及以上 | 5 | 0.75 | | | | |

## （二）变量选择与描述性统计分析

（1）气候因素及其变化描述性分析。根据上文所述，本书首先将年平均气温和年平均降水量及其离差纳入回归方程，其次将四个季度的平均气温和平均降水量及其变化分别纳入回归方程，这些气候因素的描述性统计分析结果见表4－2。从表4－2可以看出，年平均气温和年平均降水量相比五年平均值有所增加。从不同季度来看，冬季、夏季平均气温有所上升，而春季、秋季平均气温呈现下降趋势；冬季、秋季平均降水量有所增加，且秋季平均降水量增加明显，而春季、夏季的平均降水量均有所下降，且春季平均降水量下降程度明显。

表4－2　变量定义与描述性分析

| 变量名称 | 含义 | 均值 | 标准差 | 预期方向 |
|---|---|---|---|---|
| 被解释变量 | | | | |
| 亩均净收益 | 苹果种植户每亩苹果净收益（元） | 4484.57 | 6029.51 | — |
| 解释变量 | | | | |
| 气候变量 | | | | |
| 年均气温 | 县域年平均气温（℃） | 10.24 | 0.37 | +／－ |
| 年均气温变化 | 县域年平均气温与五年平均之差（℃） | 0.10 | 0.05 | +／－ |
| 年均降水量 | 县域年平均降水量（mm） | 47.37 | 2.52 | +／－ |
| 年均降水量变化 | 县域年平均降水量与五年平均之差（mm） | 0.78 | 1.22 | +／－ |
| 冬季气温 | 冬季平均气温（℃） | -1.85 | 0.77 | +／－ |
| 春季气温 | 春季平均气温（℃） | 11.11 | 0.48 | +／－ |
| 夏季气温 | 夏季平均气温（℃） | 21.52 | 0.71 | +／－ |
| 秋季气温 | 秋季平均气温（℃） | 10.33 | 1.01 | +／－ |
| 冬季气温变化 | 冬季平均气温与五年平均之差（℃） | 0.29 | 0.24 | +／－ |
| 春季气温变化 | 春季平均气温与五年平均之差（℃） | -0.13 | 0.21 | +／－ |
| 夏季气温变化 | 夏季平均气温与五年平均之差（℃） | 0.67 | 0.33 | +／－ |
| 秋季气温变化 | 秋季平均气温与五年平均之差（℃） | -0.28 | 0.45 | +／－ |

| 变量名称 | 含义 | 均值 | 标准差 | 预期方向 |
|---|---|---|---|---|
| 冬季降水量 | 冬季平均降水量（mm） | 7.30 | 3.33 | +／- |
| 春季降水量 | 春季平均降水量（mm） | 31.89 | 5.06 | +／- |
| 夏季降水量 | 夏季平均降水量（mm） | 90.25 | 9.99 | +／- |
| 秋季降水量 | 秋季平均降水量（mm） | 60.69 | 11.90 | +／- |
| 冬季降水量变化 | 冬季平均降水量与五年平均之差（mm） | 0.14 | 1.68 | +／- |
| 春季降水量变化 | 春季平均降水量与五年平均之差（mm） | -5.91 | 3.48 | +／- |
| 夏季降水量变化 | 夏季平均降水量与五年平均之差（mm） | -0.05 | 8.38 | +／- |
| 秋季降水量变化 | 秋季平均降水量与五年平均之差（mm） | 9.57 | 11.04 | +／- |
| 村庄特征 | | | | |
| 市场距离 | 村庄距离乡镇政府的距离（km） | 5.84 | 5.32 | - |
| 灌溉可得性 | 村庄实际灌溉面积占比（%） | 8.17 | 22.93 | + |
| 专业化程度 | 该村庄苹果种植面积占总耕地面积比例（%） | 0.73 | 0.24 | + |
| 家庭特征 | | | | |
| 受教育程度 | 家庭劳动力受教育程度总和 | 1.04 | 0.57 | + |
| 劳动能力 | 家庭劳动能力总和 | 6.59 | 2.74 | + |
| 合作组织参与 | 家庭是否加入合作组织：1 = 是；0 = 否 | 0.34 | 0.47 | + |
| 果园是否为平地 | 果园是否为平地：1 = 是；0 = 否 | 0.93 | 0.25 | + |
| 果园灌溉条件 | 果园是否能够灌溉：1 = 是；0 = 否 | 0.14 | 0.35 | + |
| 果园受灾情况 | 果园是否遭受灾害：1 = 是；0 = 否 | 0.59 | 0.49 | - |
| 果树树龄 | 苹果树树龄（年） | 16.85 | 6.22 | + |
| 果树树龄平方 | 苹果树树龄平方项 | 322.51 | 221.56 | - |
| 果树密度 | 苹果树密度（株/亩） | 48.66 | 13.71 | + |

注："＋"表示变量预期正向影响因变量，"-"表示变量预期负向影响因变量；"＋／-"表示该解释变量对被解释变量的预期影响方向不确定。

（2）控制变量描述性分析。结合已有研究成果（Wang et al.，2009，2014）与苹果多年生的特性，选择村庄特征与家庭特征两大类共12个因素作为控制变量，村庄特征具体包括村庄层次的市场距离、灌溉可得性及专业化程度变量，家庭特征包括受教育水平、劳动能力、合作组织参与、果园是否为平地、果园灌溉条件、果园受灾情况、果树树龄、果树树龄平方及果树密度，这些变量定义与描述性分析见表 4 - 2。需要说明的是，专业化程度以该村庄苹果种植面积占总耕地面积的比例为表征变量，这主要是因为，在苹果种植相对集中的村庄，外地客商数量相对较多，苹果销售市场活跃，有利于苹果种植户积极参与产品销售，促进苹果种植户增收。此外，在测算家庭劳动力受教育程度与劳动能力时，首先将每一个家庭成员的受教育程度与劳动能力赋值，然后再将所有家庭成员求和得到家庭劳动力受教育程度与家庭成员劳动能力总和。单个农业劳动力受教育程度赋值：0 = 文盲；0.25 = 小学；0.5 = 初中；0.75 = 高中；1 = 大专及以上。单个家庭成员劳动能力赋值：3 = 17 ~ 44 岁的青年人；2 = 45 ~ 59 岁的中年人；1 = 60 ~ 74 岁的老年人；0 = 75 岁以上的老年人或 16 岁以下的未成年人。

## 三　实证结果分析

本书利用 Stata 12.0 软件，首先实证分析年度气候因素及其变化对苹果种植户亩均净收益的影响方向与程度，其次分析苹果生长四个阶段的气候因素及其变化对苹果种植户亩均净收益的影响方向与程度。

### （一）年度气候因素及变化对苹果种植户净收益影响分析

模型 1 用于分析年度气候因素对苹果种植户亩均净收益的影响，而模型 2 用于分析年度气候因素的变化对苹果种植户亩均净收益的影响。见表 4 - 3。

表4-3　年度气候因素及变化对苹果种植户净收益的影响分析

| 变量名称 | 模型1 | 模型2 |
|---|---|---|
| 气候因素 | | |
| 　年均气温 | 0.1986（0.1289） | — |
| 　年均降水量 | -0.0422*（0.0221） | — |
| 　年均气温变化 | — | -0.1737（0.9833） |
| 　年均降水量变化 | — | -0.0769**（0.0385） |
| 村庄特征 | | |
| 　市场距离 | 0.0168**（0.0082） | 0.0229***（0.0086） |
| 　灌溉可得性 | 0.0030（0.0025） | 0.0026（0.0025） |
| 　专业化程度 | 0.0895（0.1949） | 0.1088（0.1927） |
| 家庭特征 | | |
| 　受教育程度 | 0.0505（0.0831） | 0.0401（0.0831） |
| 　劳动能力 | 0.0187（0.0166） | 0.0194（0.0166） |
| 　合作组织参与 | -0.0573（0.0910） | -0.0507（0.0913） |
| 　果园是否为平地 | -0.1737（0.1736） | -0.1700（0.1740） |
| 　果园灌溉条件 | 0.1949（0.1517） | 0.2056（0.1518） |
| 　果园受灾情况 | -0.3804***（0.0848） | -0.4066***（0.0865） |
| 　果树树龄 | 0.0144**（0.0069） | 0.0122*（0.0070） |
| 　果树树龄平方 | -0.0011*（0.0006） | -0.0012*（0.0006） |
| 　果树密度 | -0.0060*（0.0032） | -0.0074**（0.0033） |
| 　常数项 | 7.9269***（1.3659） | 8.0941***（0.3763） |

注：*、**、***分别表示在10%、5%、1%的水平上显著。括号内数字为系数的标准误。

1. 年度气候因素及变化对苹果种植户亩均净收益的影响

（1）年均降水量对苹果种植户亩均净收益的影响为负，且通过10%的显著性水平检验，说明随着年平均降水量的增加，苹果种植户的亩均净收益呈现下降趋势，这与Wang等（2014）结论一致。可能的原因之一是潜在的季节性效应抵消了年降水量的影响效果；原因之二是降水量的增多会对苹果品质产生一定影响，不利于苹果种植户苹果销售价格的提高，进而影响苹果种植户的亩均净收益。

（2）年均降水量变化对苹果种植户亩均净收益的回归系数为－0.0769，通过5%的显著性水平检验，说明随着年度降水量变化趋势的增大，越不利于苹果种植户净收益的增加，这与Wang等（2014）结论不一致。可能的原因是苹果种植不同于其他粮食作物，其对水分的需求存在季节性，以年降水量偏度分析降低了实证结果对现实的解释程度。

**2. 控制变量对苹果种植户亩均净收益的影响**

模型1和模型2中控制变量的回归系数及其显著性较为一致，说明回归结果具有稳健性。具体分为以下四点。

（1）市场环境对亩均净收益的影响为正，通过显著性水平检验，这与预期方向不一致，但与Wang等（2014）研究结论一致。可能的原因是当前苹果种植户获取各种有关苹果市场信息的渠道较为丰富，能够充分了解产品市场，这种现实很难被地理距离所影响。

（2）果园受灾情况对苹果种植户亩均净收益的影响为负，通过1%的显著性水平检验，说明苹果种植户的果园遭受不同程度的气象灾害的影响对其苹果净收益产生负面影响，主要是因为气象灾害对苹果的影响主要表现在对其产量与价格方面，当果园遭受严重冻灾与干旱时，苹果产量受到影响；当果园遭受冰雹时，苹果的销售价格受到影响，这两种情况均能导致苹果种植户净收益的下降。

（3）果树树龄对亩均净收益的回归系数为正，而其平方项的回归系数为负，均通过显著性水平检验，说明果树树龄对苹果种植户亩均净收益的影响为非线性的，呈现倒"U"形趋势，即在其他条件不变的情况下，随着苹果树树龄的增加，苹果净收益呈现先增大后减小态势，这也符合果树的生命周期。随着树龄增长，树体逐渐老化，苹果品质和产量下降，不利于苹果种植户增收。

（4）果树密度对亩均净收益的影响显著为负，这说明较为密闭的果园不利于苹果种植户净收益的提高。目前中国苹果种植大多采用乔砧密植栽培制度，果园郁闭性高，这导致光照不充分、通风不良等，使得苹果产量与品质下降（田海成等，2007），进而影响苹果种植户苹果收益的增加。

## （二）不同季度气候因素及变化对苹果种植户净收益影响分析

由于不同季度之间气候和降水量相关性较高，同时将其纳入回归方程会带来多重共线性问题。为了消除变量之间存在的多重共线性问题，本书借鉴前人的做法（钟晓兰等，2013），采用逐步回归实证分析不同季度气候因素对苹果种植户农业净收益的影响。模型3用于分析不同季度气候因素对苹果种植户亩均净收益的影响，而模型4用于分析不同季度气候因素的变化对苹果种植户亩均净收益的影响，结果见表4-4。

表4-4 不同季度气候因素及变化对苹果种植户净收益的影响分析

| 变量名称 | 模型3 | 模型4 | 变量名称 | 模型3 | 模型4 |
|---|---|---|---|---|---|
| 气候因素 | | | 村庄特征 | | |
| 冬季气温 | 0.7226***<br>(0.1570) | — | 市场距离 | 0.0205**<br>(0.0083) | 0.0205**<br>(0.0085) |
| 春季气温 | | — | 灌溉可得性 | | 0.0059**<br>(0.0027) |
| 夏季气温 | -0.5311***<br>(0.1813) | — | 专业化程度 | 0.0443*<br>(0.0237) | 0.4025*<br>(0.2305) |
| 秋季气温 | | — | 家庭特征 | | |
| 冬季降水量 | -0.2098***<br>(0.0477) | — | 受教育水平 | | |
| 春季降水量 | 0.0732***<br>(0.0215) | — | 劳动能力 | 0.0254<br>(0.0160) | 0.0209<br>(0.0152) |
| 夏季降水量 | | — | 合作组织参与 | | |

| 变量名称 | 模型3 | 模型4 | 变量名称 | 模型3 | 模型4 |
|---|---|---|---|---|---|
| 秋季降水量 | − 0.0301***<br>（0.0075） | — | 是否为平地 | | − 0.2242<br>（0.1729） |
| 冬季气温变化 | — | | 果园灌溉条件 | 0.3041**<br>（0.1255） | 0.2775*<br>（0.1509） |
| 春季气温变化 | — | 2.3836***<br>（0.8768） | 果园受灾情况 | − 0.4358***<br>（0.0834） | − 0.4018***<br>（0.0854） |
| 夏季气温变化 | — | − 0.9312***<br>（0.3910） | 果树树龄 | 0.0443*<br>（0.0237） | 0.0553**<br>（0.0245） |
| 秋季气温变化 | — | − 0.5458**<br>（0.2395） | 果树树龄平方 | − 0.001<br>（0.001） | − 0.0012*<br>（0.0007） |
| 冬季降水量变化 | — | − 0.2402***<br>（0.0909） | 果树密度 | − 0.0099***<br>（0.0034） | − 0.0094***<br>（0.0035） |
| 春季降水量变化 | | − 0.0621<br>（0.0448） | 常数项 | 21.5882***<br>（4.002） | 8.3275***<br>（0.4108） |
| 夏季降水量变化 | — | 0.0377*<br>（0.0227） | | | |
| 秋季降水量变化 | — | | | | |

注：*、**、***分别表示在10%、5%、1%的水平上显著。括号内数字为系数的标准误。

### 1. 不同季度气候因素及变化对苹果种植户亩均净收益的影响

（1）不同季度气候因素对亩均净收益的影响存在显著差异。冬季气温对亩均净收益的影响为正，而夏季气温对苹果种植户亩均净收益的影响为负，均通过1%的显著性水平检验，这与 Wang 等（2009）的结论一致。说明冬季气温能够促进苹果种植户增收，而夏季气温的上升不利于苹果种植户增加收益。冬季降水量与秋季降水量对苹果种植户亩均净收益的影响均为负，且冬季降水量的影响程度大于秋季降水量的影响程度，而春季降水量对净收益的影响为正，通过1%的显著性水平检验，这与 Wang 等（2014）的结论一致。说明冬季降水量、秋季降水量的增加不利于苹果种植户增加收益，而春季降水量的增加能够促进苹果种植户收益的增加。

（2）不同季度气候因素变化对亩均净收益的影响差异明显。春季气温变化对亩均净收益的影响为正，而夏季气温与秋季气温的变化对亩均净收益的影响为负，均通过显著性水平检验，且夏季气温变化的影响程度大于秋季气温变化的影响程度。说明春季气温变化越大，越有利于苹果种植户提高收益，而夏季、秋季气温的变化越大，越不利于苹果种植户提高农业净收益。冬季降水量变化负向影响苹果种植户净收益而夏季降水量变化正向影响苹果种植户净收益，同时春季降水量的变化对亩均净收益的影响为负，未通过显著性检验。说明冬季降水量变化越大越不利于苹果种植户增加收益，而随着夏季降水量变化的增加，苹果种植户净收益表现出增长趋势。

这些结论也符合苹果生长的阶段性特征。冬季（上年 12 月至次年 2 月）是苹果树休眠期，降雨量过多会使得果园土壤湿度过大，果树容易受到寒冷气候条件的影响，对后期苹果生长产生不利影响，相反冬季气温上升，能够降低果树遭受寒冷天气影响的程度；春季（3～5 月）是苹果开花坐果期，如果气温过低不利于苹果萌芽、开花等生理活动，严重影响苹果的坐果率和优果率，进而对苹果种植户的净收益产生负面影响；夏季（6～8 月）属于苹果果实膨大期，如果在该时期气温增长过高，降水量下降越多，越不利于苹果生长，严重影响苹果膨大与果品品质，进而导致苹果种植户净收益下降；秋季（9～11 月）是苹果成熟期，这个时期容易发生连阴雨，不利于苹果着色，严重影响苹果品质，导致苹果种植户收益下降。

综上所述，不同季度气候因素及其变化对苹果种植户净收益的影响表现不同，这也提醒苹果种植户在进行苹果生产时，应当考虑不同季度的气候因素及变化的影响，以此实现苹果净收益最大化。

2. 控制变量对苹果种植户亩均净收益的影响

由于市场距离、果园是否遭灾、果树树龄及其平方项、果树密度对亩均净收益的影响结果与上述分析一致，在此不再赘述。

（1）专业化程度对苹果种植户亩均净收益的影响为正，通过10%的显著性水平检验，与预期符号一致。说明在苹果种植相对集中的村庄，苹果种植户净收益较高，可能的原因是苹果种植集中度较高，能够吸引较多的外地客商，苹果销售市场相对活跃，有利于苹果种植户积极参与产品销售提高收益。

（2）灌溉可得性仅在模型4回归结果中显著为正，这与Wang等（2009，2014）的研究结论一致。在不同季度气候条件变化情况下，村庄基础设施能够激励苹果种植户积极进行农业灌溉以应对不同季度的气候变化。

（3）果园灌溉条件对亩均净收益的回归系数为正，且通过显著性水平检验。说明不同季度的气候条件及其变动情况下，果园基础灌溉设施能够有效降低气候变化给农业生产带来的不利影响，促进苹果种植户增产增收。

## 四　本章小结

本章利用陕西苹果基地县苹果种植户微观调查数据与各个样本县气候数据，采用Ricardian模型定量评估气候因素及其变化对苹果种植户苹果净收益的影响，主要有以下几点。

（1）气候因素及其变化对苹果种植户苹果净收益产生显著影响。第一，在年度气候因素及其变化方面，年降水量及其变化负向影响苹果种植户苹果净收益。第二，在不同苹果生长阶段的气候因素及其变化方面，苹果休眠期气温正向影响苹果种植户的净收益，而膨大期气温对种植户净收益的影响为负；开花期降水量对种植户净收益的影响为正，而休眠期与成熟期的降水量对种植户净收益的影响为负。开花期气温变化正向影响种植户净收益，而膨大期与成熟期的气温变化对种植户净收益的影响为负；膨大期降水量变化正向影响种植户净收益，而休眠期与开花期的降水量变化对种植户净收益的影响为负。

（2）其他特征变量对苹果种植户苹果净收益的影响存在差异。村庄特征的市场距离、灌溉可得性及专业化程度，家庭特征的果园灌溉条件正向影响苹果种植户苹果净收益，而果园受灾情况、果树密度对苹果种植户苹果净收益有负向影响；果树树龄对苹果种植户苹果净收益的影响呈现倒"U"形。

以上研究结论表明，气候变化对区域苹果种植户苹果净收益产生明显影响，且表现出阶段性差异，因此，应当充分认识不同气候变化特征对苹果种植户收益的影响，积极引导苹果种植户适应不同季度气候条件的变化，重视老果园、密闭果园更新改造，加强果园基础设施建设，以此促进苹果产业可持续发展。

在气候变化适应过程中，苹果种植户自身适应能力是其应对气候变化不利影响的能力，是适应性决策选择的内生驱动力，因此，需要科学合理地评估苹果种植户气候变化适应能力。本章借鉴国内外气候变化适应性前沿成果，以专业化苹果种植户为研究对象，构建基于可持续生计资本的种植户气候变化适应能力理论框架，利用陕西苹果种植户微观调查数据，运用熵权法赋予各个指标权重，以此测算苹果种植户气候变化的适应能力，探索影响苹果种植户适应能力的主要因素，为验证苹果种植户气候变化适应能力是其适应性行为决策内因的理论假设奠定基础。

## 一 苹果种植户适应能力指标体系设计

农户气候变化适应能力是指农户在面对实际或预期发生的气候变化的压力下调整自身农业生产，以应对和处理气候变化带来的结果的能力（Gallopín，2006），它是其财富、教育、信息、资源可得性及其管理能力的函数（McCarthy et al.，2001；谭淑豪等，2016），但这需要有明确的评价指标体系，以便最终进行量化比较分析（居辉等，2016）。许多学者认为可持续生计分析法提供了一个研究农村家庭气候变化适应能力的视角（Ellis，2000；

Hammill et al.，2005；Nelson et al.，2007b，2010）。可持续生计方法（Sustainable Livelihoods Approach，SL）作为一种寻找农户生计脆弱性诸多原因，并给予多种解决方案的集成分析框架和建设性工具（Martha、杨国安，2003），将生计资本划分为人力资本、自然资本、物质资本、金融资本和社会资本五种类型（李斌等，2004）。该方法正逐渐在理论上得到开发和重视，并在世界各地的农村发展研究中得到了运用和实践。

生计作为农户谋生的方式经常受到外部风险的影响。农户生计风险研究是以微观农户为研究单位，以农户生计过程中所面临的风险为研究对象，目的是降低风险对农户生计的影响（许汉石、乐章，2012）。农户农业生产生活是一个长期的周而复始的循环过程，在这一过程的任何环节都可能受到外部风险的冲击（陈传波、丁士军，2004；Fafchamps，2003）。在这些外部风险下，农户要取得稳定的农业产出以维持生活，仅靠一种资本是不可能的，必须有不同类型的资本，尤其是对于那些缺乏某种资本的苹果种植户来说尤为重要（苏芳等，2009a）。气候风险是当今农业产业发展过程中所面临的主要生计风险（Teshome，2016），而优质高效的生计资本是农户降低风险冲击，增加风险抵御能力的基础。由此，生计资本成为考察气候变化背景下农户适应能力的一个重要视角（Nelson et al.，2007b，2010），不仅能够用于分析发达国家农村家庭的气候变化适应能力（Meinke et al.，2006；Nelson et al.，2010），如澳大利亚；也能够有效分析发展中国家农村家庭的适应能力（Ellis and Freeman，2005；Hahn et al.，2009）。

苹果种植户作为专业化从事苹果生产经营的农户，在苹果生产种植过程中，面临气候变化带来的风险，为了追求家庭苹果收益最大化，依靠自身拥有的人力资本（教育基础）、自然资本（自然资源）、物质资本（物质基础）、金融资本（财富基础）及社会资本（信息获取渠道）应对外部气候风险，而这些资本就构成了苹果种植户气候变化适应能力。因此，本书借鉴生计资本理论构建苹果种植户气候变化适应能力。参考国内外学者的生计资本量化研究，结合研究区域特点，设计适用于研究区域内苹果种植户的生计资本测量指标（见表 5 – 1）。

表 5 – 1　生计资本指标与赋值

| 资产类型 | 测量指标 | 赋值 |
|---|---|---|
| 人力资本 | 农业劳动力数量 | 家庭的农业劳动力数量（人） |
| | 家庭农业劳动力受教育程度 | 单个农业劳动力受教育程度赋值：0 = 文盲；0.25 = 小学；0.5 = 初中；0.75 = 高中；1 = 大专及以上 |
| | 家庭农业劳动能力 | 单个农业劳动力的劳动能力赋值如下：3 = 17 ~ 44 岁的青年人；2 = 45 ~ 59 岁的中年人；1 = 60 ~ 74 岁的老年人；0 = 75 岁以上的老年人或 16 岁以下的未成年人 |
| | 参加技术培训次数 | 家庭成员每年参加技术培训次数（次） |
| 自然资本 | 人均耕地面积 | 家庭人均耕地面积（亩） |
| | 人均苹果种植面积 | 家庭人均苹果种植面积（亩） |
| | 人均可灌溉果园面积 | 家庭人均可灌溉果园面积（亩） |
| | 人均平地果园面积 | 家庭人均平地果园面积（亩） |
| 金融资本 | 家庭总现金收入 | 家庭年总现金收入（元） |
| | 补贴收入 | 家庭获得的补贴收入（元） |
| | 获得借贷的机会 | 1 = 有；0 = 无 |
| 物质资本 | 通信设备价值 | 家庭拥有的通信设备价值（元） |
| | 交通工具价值 | 家庭拥有的交通工具总价值（元） |
| | 生产性资产价值（生产性工具情况） | 家庭拥有的生产性资产总价值（元） |
| 社会资本 | 人情成本 | 家庭总人情费用开支（元） |
| | 通信费用 | 家庭年电话费（元） |
| | 与周围人信任程度 | 5 = 非常信任；4 = 比较信任；3 = 一般；2 = 比较不信任；1 = 非常不信任 |
| | 是否担任村干部 | 1 = 是；0 = 否 |
| | 是否参加合作组织 | 1 = 是；0 = 否 |

注：交通设施包括汽车、三轮车、拖拉机、摩托车；生产性资产包括旋耕机、施肥开沟机、打药机、割草机、沼气池及集雨窖等；通信设备包括电视、电脑。

## （一）人力资本指标及测量

人力资本是指个人拥有的用于谋生的知识、技能、能力和健康状况（苏芳等，2009b；赵雪雁，2011）。在苹果种植户生计资本中，人力资本的数量和质量决定了苹果种植户能否运用其他资本（李小云等，2007）。本研究参考 Brown 等（2010）、Sharp（2003）、杜本峰和李碧清（2014）、冯伟林等（2016）、李小云等（2005）、李聪（2010）、朱建军等（2016）的研究，选取家庭农业劳动力数量、家庭农业劳动力受教育程度、家庭农业劳动能力及参加技术培训次数为测量指标。在测算家庭劳动力受教育程度与劳动能力时，首先将每一个家庭成员的受教育程度与劳动能力赋值（见表 5 - 1），然后再将所有家庭成员求和得到家庭农业劳动力受教育程度与家庭农业劳动能力。农业劳动力数量及农业劳动力受教育程度与劳动能力是苹果种植户家庭进行农业再生产的基础，是苹果种植户应用其他资本应对气候变化的前提；技术培训是提高苹果种植户人力资本的重要方式，参加技术培训次数越多，对气候变化及其适应性措施的认知越高。

## （二）自然资本指标及测量

自然资本是指人们能够利用和用来维持生产的土地、水等自然资源（段伟等，2015）。参考 Nelson 等（2010）、许汉石和乐章（2012）、赵文娟等（2016）、朱建军等（2016）的研究成果，结合研究区域内苹果种植户特点，选取人均耕地面积、人均苹果种植面积、人均可灌溉果园面积及人均平地果园面积（土地质量）四个指标来衡量（见表 5 - 1）。选择人均可灌溉果园面积、人均平地果园面积主要是因为灌溉基础设施较为齐全、土地质量越好的果园能够有效缓解外部气候风险的不利影响。

### （三）金融资本指标及测量

金融资本主要是指苹果种植户可支配和可筹措的现金，包括家庭年现金收入、苹果种植户从各种渠道筹措的资金和苹果种植户获得的无偿补贴，参考 Ellis（2000）、段伟等（2015）、赵文娟等（2016）、赵雪雁和薛冰（2015）的研究，选取家庭总现金收入、补贴收入及获得借贷的机会作为指标（见表 5－1）。家庭总现金收入、补贴收入是苹果种植户进行生产与消费的资金保障，也是苹果种植户应对外部风险的主要资金来源。当苹果种植户家庭自身所得难以维持时，需要通过借贷弥补自身资金不足。

### （四）物质资本指标及测量

物质资本是指用于生产过程中除去自然资源的物质，如基础设施和生产工具（赵雪雁，2011）。研究区域内对苹果种植户有重要影响的物质资产包括通信设备、交通工具及生产性资产，参考 Nelson 等（2010）、段伟等（2015）的研究，选取通信设备价值、交通工具价值及生产性资产价值作为测量指标（见表 5－1）。通信设备是苹果种植户获取外部信息主要工具；交通工具能够帮助苹果种植户进行农业生产投资与销售；生产性工具帮助苹果种植户进行农业生产，节省劳动成本。

### （五）社会资本指标及测量

社会资本指苹果种植户为了实施生计策略而利用的社会网络，包括加入的社会组织以及个人社会网络（李小云等，2007；苏芳等，2009；赵雪雁，2011）。在研究区域中村干部身份是重要的社会资本，同时合作社既是生产的重要组织又是重要的社会组织，本研究参考 Ellis（2000）、冯伟林等（2016）、李鑫等（2015）、赵雪雁和薛冰（2015）、朱建军等（2016）的研究，选取是否担任村干部、是否参加合作组织、人情成本、通信费用及与周围人信任程度作为测量指标（见表 5 - 1）。村干部与普通苹果种植户相比，受教育程度较高且社会网络较为丰富，能够帮助收集与分析信息，提高理解能力；合作社是农业生产信息与技术的传播者，加入合作社的家庭能够丰富信息与技术的获取，提高气候变化及其适应性措施的认知水平；人情往来成本与通信费用是社会网络规模的反映，网络规模越大，苹果种植户暴露在外部信息的概率越高，越能增强其理解能力；苹果种植户对周围人的信任程度越高，越能提高对外界信息的信任程度，进而帮助其改进知识和技能。

## 二　指标权重赋值方法选择

本书选择熵权法对苹果种植户气候变化适应能力指标体系赋权。熵权法是一种客观赋权法，它对原始数据所携带的信息进行了充分地挖掘，使评价结果具有较强的客观性。熵（Entropy）是由德国物理学家克劳修斯在 1850 年创立，用于体现能量在空间中分布的均匀程度，如果能量分布越均匀，那么熵就越大。信息熵（Shannon）是由 Shannon 在 1948 年推广熵概念之后所得到，并引入信息论中，用来表示信息源中信号的不确定性（王清源、潘旭海，2011）。这里所指的熵是用于度量系统的无序程度，也可以用来度量数据所携带的有效信息量，所以熵可以用来确定权重值（王倩，2009）。如果评价对象在某一个评价指标上值的差距较大，熵值就会较小，意味着该评价指标携带了较大的有效信息量，则该评价指标的权重就越大；相反，若某一评价指标值差距较小，也就意味着该指标携带较小的有效信息量，则其权重值就较小（曾凡伟，2014）。因此，在实际应用中，需要根据各个评价指标值的差异化程度，采用熵计算出每个评价指标的熵权，之后再进行加权，得到比较客观的评价结果。

参考何仁伟等（2014）、朱建军等（2016）的研究，本书采用熵权法对苹果种植户生计资本指标赋权重的步骤如下。假定共有 $m$ 个苹果种植户 $n$ 个指标，原始数据为 $X_{ij}$（$i = 1, 2, \cdots, m$；$j = 1, 2, \cdots, n$）。考虑到不同指标之间量纲的差异，首先对数据进行标准化处理：

$$X'_{ij} = \frac{X_{ij} - \overline{X}_j}{S_j} \qquad (5-1)$$

其中 $\overline{X}_j = \sum_{i=1}^{m} X_{ij}/m, S_j^2 = \sum_{i=1}^{m}(X_{ij} - \overline{X}_j)^2$。一般地，$X'_{ij}$ 值的范围为 $-5 \sim 5$，为消除负值或零值对取对数的影响，进行坐标平移，令 $P_{ij} = X'_{ij} + 5$。

将标准化数据 $P_{ij}$ 同度量化，计算第 $i$ 个苹果种植户第 $j$ 个指标值的比重：

$$d_{ij} = \frac{P_{ij}}{\sum_{i=1}^{m} P_{ij}} \qquad (5-2)$$

在此基础上，计算第 $j$ 个指标的熵值 $e_j$：

$$e_j = -k \sum_{i=1}^{m} d_{ij} \ln d_{ij} \qquad (5-3)$$

其中 $k = 1/\ln m$。

计算第 $j$ 个指标的权重 $w_j$：

$$w_j = (1 - e_j) \Big/ \sum_{j=1}^{n} (1 - e_j) \qquad (5-4)$$

将标准化数据 $P_{ij}$ 和各指标权重 $w_j$ 进行加权求和，计算每一个苹果种植户每一种资本及适应能力（总生计资本）：

$$LC_i = \sum_{j=1}^{n} w_j P_{ij} \qquad (5-5)$$

# 三 苹果种植户适应能力测度与分析

首先利用熵权法计算苹果种植户气候变化适应能力构成的各个指标的权重，结果见表 5-2。从各个指标权重可以看出，金融资本中补贴收入的权重较高，其次是物质资本中的通信设备价值、自然资本中的人均平地果园面积，人力资本中各个指标的权重相对较低，社会资本中信任程度的权重较低，这意味着对于人力资本而言，样本种植户之间的差异较小，而对于自然资本、金融资本、物质资本及社会资本而言，不同种植户之间的差异较大。之后根据各指标权重和各个指标标准化数值加权计算每个苹果种植户的适应能力，在此基础上，计算得到各个样本地区各个资本与适应能力的平均水平。

表 5-2 苹果种植户气候变化适应能力评价指标权重

| 资产类型 | 测量指标 | 归一化权重 | 资产类型 | 测量指标 | 归一化权重 |
|---|---|---|---|---|---|
| 人力资本 | 农业劳动力数量 | 0.05262 | 物质资本 | 通信设备价值 | 0.05266 |
| | 家庭农业劳动力受教育程度 | 0.05261 | | 交通工具价值 | 0.05263 |
| | 家庭农业劳动能力 | 0.05262 | | 生产性资产价值 | 0.05263 |
| | 参加技术培训次数 | 0.05263 | 社会资本 | 人情成本 | 0.05264 |
| 自然资本 | 人均耕地面积 | 0.05265 | | 通信费用 | 0.05264 |
| | 人均苹果种植面积 | 0.05265 | | 与周围人信任程度 | 0.05258 |
| | 人均可灌溉果园面积 | 0.05264 | | 是否担任村干部 | 0.05262 |
| | 人均平地果园面积 | 0.05266 | | 是否参加合作组织 | 0.05262 |
| 金融资本 | 家庭总现金收入 | 0.05263 | | | |
| | 补贴收入 | 0.05267 | | | |
| | 获得借贷的机会 | 0.05261 | | | |

通过对苹果种植户气候变化适应能力总体情况进行分类统计，可以发现，研究区域种植户适应能力的最小值为 4.320，最

大值为7.809；适应能力分布较为集中的区间为4.5~5.3，这个区间的样本数量占总样本的70.89%，且在这区间两边的数值分析的数量占比较小。利用 SPSS 软件绘制出的种植户气候变化适应能力分布概率直方图（见图5-1）显示了样本苹果种植户的适应能力呈现较为对称的正态分布。这也说明，当前苹果种植户气候变化适应能力符合基本统计性特征。在此基础上，为了进一步分析种植户气候变化适应能力及其各个构成在不同地区之间的差异，本书按照地区将样本苹果种植户适应能力及其构成进行划分与比较分析。

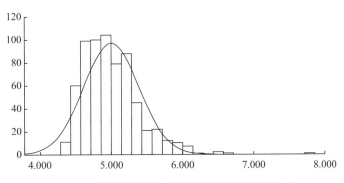

**图5-1　苹果种植户气候变化适应能力总体分布**

## （一）不同地区苹果种植户适应能力及其构成分析

根据上述分析测算得到不同地区苹果种植户各资本构成与适应能力结果（见表5-3）。从结果来看，不同地区苹果种植户气候变化适应能力的平均值差异明显，且各个资本构成差异显著。具体来讲，宝塔区苹果种植户平均气候变化适应能力达到5.3173，为8个样本县最高值；富县、洛川、宜川、白水次之，苹果种植户的平均适应能力均大于5；咸阳市3个样本县苹果种植户的平均适应能力都较低，其中旬邑苹果种植户平均适应能力为4.8484，长武县次之，而彬县苹果种植户的适应能力平均为4.7045，为8个样本地区最低水平。此外，苹果种植户气候变化适应能力各个构成资本在不同地区之间差异也较为明显。

表 5 - 3　不同地区各个资本与适应能力

| 生计资本 | 宝塔 | 宜川 | 富县 | 洛川 | 白水 | 长武 | 彬县 | 旬邑 |
|---|---|---|---|---|---|---|---|---|
| 人力资本 | 1.1071 | 1.0676 | 1.0993 | 1.0872 | 1.0574 | 1.0115 | 0.9646 | 1.0195 |
| 自然资本 | 1.1367 | 1.0805 | 1.0530 | 1.0441 | 1.1286 | 0.9857 | 0.9827 | 1.0126 |
| 金融资本 | 0.8431 | 0.7909 | 0.7959 | 0.7926 | 0.7927 | 0.7552 | 0.7555 | 0.7912 |
| 物质资本 | 0.8436 | 0.8199 | 0.8383 | 0.8252 | 0.7842 | 0.7310 | 0.7332 | 0.7386 |
| 社会资本 | 1.3868 | 1.3278 | 1.3881 | 1.3436 | 1.2729 | 1.2441 | 1.2684 | 1.2865 |
| 适应能力 | 5.3173 | 5.0866 | 5.1746 | 5.0927 | 5.0359 | 4.7275 | 4.7045 | 4.8484 |

1. 人力资本

人力资本中，宝塔区苹果种植户人力资本的平均水平为样本县中最高，达到 1.1071，富县、洛川、宜川、白水、旬邑、长武次之，而彬县苹果种植户人力资本的平均值最低，仅为 0.9646。人力资本各个构成描述性结果见图 5 - 2。在农业劳动力数量方面，宜川县每户家庭农业劳动力数量为 2.247 人，为 8 个样本县最高，宝塔区户均农业劳动力数量次之，为 2.228 人，而除旬邑户均农业劳动力人数不到 2 人之外，其他样本县户均农业劳动力人数均大于 2 人。在家庭农业劳动力受教育程度方面，富县平均每个家庭受教育水平为 8 个样本县最高水平，达到 1.092；洛川、白水、宝塔区、宜川户均受教育水平次之，数值均高于 1，而长武、旬邑、彬县户均受教育水平低于 1，分别为 0.938、0.816、0.683。在家庭农业生产者劳动能力方面，宝塔区户均劳动能力为 5.532，为 8 个样本县最高水平，富县、洛川、宜川次之，其数值均在 5 以上，白水、旬邑户均劳动能力较为接近，分别为 4.821、4.639，彬县户均劳动能力为样本县中最低水平，仅为 3.866。在技术培训方面，宝塔区平均每户参加技术培训次数达到 1.570，为最高水平，富县、洛川户均参加技术培训次数均大于 1，分别为 1.356 次、1.122 次，旬邑、白水、宜川参加技术培训的次数比较一致，户均 0.9 次，长武、彬县苹果种植户参加技术培训的次数最低，平均每个家庭参加仅 0.3 次。

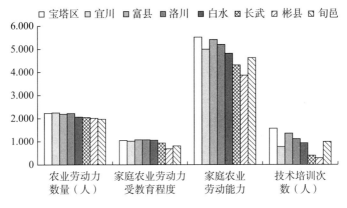

图 5 - 2　人力资本构成描述性分析

2. 自然资本

在自然资本中，宝塔区苹果种植户自然资本的平均水平最高，为 1.1367，白水、宜川、富县、洛川、旬邑次之，自然资本平均水平超过 1，而长武、彬县苹果种植户自然资本的平均水平较为一致，分别为 0.9857 和 0.9827，是样本县中最低水平。自然资本各个构成描述性结果见图 5 - 3。在人均耕地面积方面，宝塔区平均每个家庭的人均耕地面积为 5.054 亩，宜川次之，为 3.831 亩，富县、洛川及白水的人均耕地面积较为类似，介于 2.70 ~ 2.80 亩，旬邑人均耕地面积为 2.297 亩，分别是长武、彬县的 1.37 倍、1.21 倍。在人均苹果种植面积方面，宝塔区人均苹果种植面积 4.189 亩，宜川、富县、洛川及白水次之，人均苹果种植面积在 2.0 亩以上，旬邑、长武及彬县人均苹果面积均低于 2.0 亩，其中长武人均苹果种植面积最低，仅为 1.2 亩。在人均可灌溉果园面积方面，白水人均可灌溉果园面积最大，达到 1.154 亩，是其他样本县人均可灌溉果园面积的 16 倍以上。在人均平地果园面积方面，宝塔区最高，为 1.705 亩，富县次之，宜川、洛川、白水及旬邑人均平地果园面积较为接近，在 1.3 亩左右，长武、彬县人均平地果园面积最少，仅 0.8 亩。

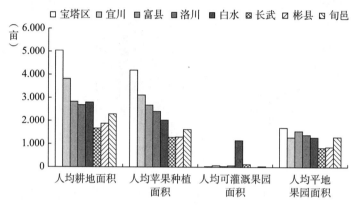

图 5 – 3　自然资本构成描述性分析

3. 金融资本

在金融资本中，宝塔区苹果种植户的金融资本水平最高，为 0.8431，富县、洛川、白水、宜川及旬邑的金融资本水平次之，数值位于 0.79 左右，长武、彬县苹果种植户的金融资本水平最低，分别为 0.7552 和 0.7555。金融资本各个构成描述性结果见图 5 – 4。在家庭总收入方面，宝塔区家庭总现金收入为 8 个样本县最高水平，达到 13.362 万元，宜川次之，富县、洛川、白水及旬邑家庭总现金收入均在 8 万元以上，彬县家庭总现金收入为 7 万元，而长武的家庭总现金收入为 6 万元左右，为最低水平。在补贴收入方面，宝塔区补贴收入最高，每个家庭 0.082 万元，旬邑次之，为 0.079 万元，宜川与白水家庭补贴收入差距较小，为 0.05 万元左右，其余样本县的家庭收入低于 0.03 万元。在是否借贷方面，洛川、富县借贷苹果种植户比例最高，达到 60% 以上，宝塔区、白水借贷苹果种植户比例次之（50% 以上），宜川、旬邑及长武借贷苹果种植户比例为 40%，而彬县苹果种植户的借贷比例不足三分之一，为最低水平。

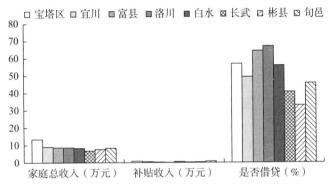

图 5－4 金融资本构成描述性分析

4. 物质资本

在物质资本中，延安市的宝塔区、宜川、富县及洛川的苹果种植户物质资本水平均为 0.8 左右，白水、旬邑次之，分别为 0.7842、0.7386，长武与彬县的苹果种植户物质资本水平最低，分别为 0.7310 和 0.7332。物质资本各个构成描述性结果见图 5－5。在通信工具价值方面，富县、洛川苹果种植户的通信工具价值在 0.4 万元以上，白水、宝塔区及宜川苹果种植户的通信工具价值为 0.3 万～0.4 万元，而旬邑、彬县及长武苹果种植户的通信工具价值低于 0.3 万元。在交通工具价值方面，宝塔区、富县苹果种植户的交通工具价值在 4 万元以上，宜川、洛川及白水的苹果种植户交通工具价值为 2 万～4 万元，而旬邑、彬县及长武苹果种植户的交通工具价值均低于 2 万元，其中长武的低于 1 万元，为样本县中的最低水平。在生产工具价值方面，宝塔区、宜川苹果种植户生产工具价值分别为 0.353 万元、0.323 万元，均高于 0.3 万元，洛川、富县及白水苹果种植户生产工具价值为 0.2 万～0.3 万元，长武、旬邑及彬县苹果种植户的生产工具价值较为相同，数值为 0.11 万元左右。

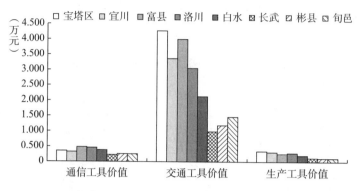

图 5 – 5　物质资本构成描述性分析

5. 社会资本

在社会资本中，富县、宝塔区苹果种植户社会资本水平较为一致，达到 1.386 以上，洛川、宜川苹果种植户的社会资本水平次之，在 1.32 ~ 1.34，旬邑、白水、彬县及长武苹果种植户的社会资本低于 1.3，其中长武苹果种植户社会资本水平最低，仅为 1.2441。社会资本各个构成描述性结果见图 5 – 6。在礼金支出方面，富县、洛川苹果种植户年礼金支出在 1 万元以上，宝塔区、宜川及白水苹果种植户的礼金支出均在 0.5 万元以上，分别为 0.897 万元、0.605 万元及 0.586 万元，彬县、长武及旬邑苹果种植户的礼金支出为 0.2 万 ~ 0.3 万元。在年话费方面，宝塔区苹果种植户通信费用最高，达到 0.1 万元，富县、宜川及洛川次之，年通信费用在 0.08 万元以上，长武、彬县、旬邑及白水苹果种植户年通信费用均低于 0.07 万元。在信任程度方面，旬邑、彬县、宝塔区、富县及宜川苹果种植户表示在平常交流中比较相信其他人，而白水、洛川及长武苹果种植户表示对其他人的信任程度一般。在是否担任村干部方面，宝塔区、宜川及富县苹果种植户担任过村干部的比例超过 20%，旬邑、洛川、长武及彬县苹果种植户中有村干部经历的比例次之，在 16% 以上，而白水苹果种植户有村干部经历的比例最低，仅为 8.3%。在是否为合作社社员方面，富县苹果种植户参与合作社的比例超过 50%，达到 57.5%，宝塔区、洛川及宜川苹果种植户参与比例次之，在 30% ~ 50%，白水、旬邑苹果种植户参与比例低于 30%，且高于 20%，彬县与长武苹果种植户的参与比例低于 10%，为样本县中最低水平。

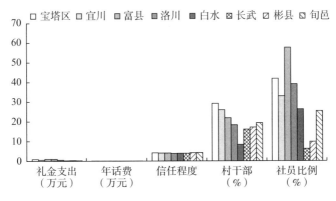

图 5 - 6　社会资本构成描述性分析

## （二）各个资本维度下苹果种植户适应能力的影响因素分析

上述分析表明不同地区种植户适应能力及其构成差异明显，但这些差异无法具体说明影响苹果种植户适应能力的因素。因此，为进一步识别影响苹果种植户气候变化适应能力的因素，本章对 8 个样本县 663 户苹果种植户的适应能力进行 K - 均值聚类分析，通过快速聚类将苹果种植户分为两类：一类是低适应能力苹果种植户组，其数值域为 4.3229 ~ 5.1008，共有 436 户样本苹果种植户，占到总样本的 65.76%；另一类是高适应能力苹果种植户组，其数值域为 5.1059 ~ 7.8331，共有 227 户样本苹果种植户，占到总样本的 34.24%。

表 5 – 4  不同适应能力的苹果种植户分布情况

单位：%

| 类型 | 宝塔区 | 宜川 | 富县 | 洛川 | 白水 | 长武 | 彬县 | 旬邑 | 总计 |
|---|---|---|---|---|---|---|---|---|---|
| 低适应能力苹果种植户占比 | 34.18 | 60.00 | 47.13 | 59.76 | 58.33 | 93.83 | 91.46 | 81.93 | 65.76 |
| 高适应能力苹果种植户占比 | 65.82 | 40.00 | 52.87 | 40.24 | 41.67 | 6.17 | 8.54 | 18.07 | 34.24 |

从表 5 – 4 可以看出，低适应能力苹果种植户占比高达 65.76%，这说明研究区域苹果种植户在气候变化背景下的适应能力整体水平较低。不同样本县域的低适应能力苹果种植户占比差异明显，其中咸阳市的长武、彬县及旬邑低适应能力苹果种植户占比超过 80%，是 8 个样本县的最高水平，宜川、洛川及白水的低适应能力占比次之，而富县与宝塔区苹果种植户的低适应能力占比最低。这说明，咸阳市的苹果种植户气候变化适应能力较低，而延安市的不同县域的种植户的适应能力差异较为明显。

在上述分析基础上，通过 t 检验比较分析高适应能力苹果种植户与低适应能力苹果种植户在各个构成上的差异，以识别影响苹果种植户适应能力的主要因素，结果见表 5 – 5。

表 5 – 5  低适应能力与高适应能力苹果种植户资本指标比较分析

| 资产类型 | 测量指标 | 高适应能力 | 低适应能力 | 差异 |
|---|---|---|---|---|
| 人力资本 | 农业劳动力数量 | 2.4141 | 1.9771 | 0.4370** |
| | 家庭农业劳动力受教育程度 | 1.2687 | 0.8142 | 0.4545** |
| | 家庭农业劳动能力 | 5.7137 | 4.4014 | 1.3123*** |
| | 参加技术培训次数 | 1.8502 | 0.4495 | 1.4007*** |
| 自然资本 | 人均耕地面积 | 4.0302 | 2.2765 | 1.7537*** |
| | 人均苹果种植面积 | 3.4597 | 1.7386 | 1.7211*** |
| | 人均可灌溉果园面积 | 0.3477 | 0.1075 | 0.2402* |
| | 人均平地果园面积 | 1.8187 | 0.9980 | 0.8207*** |

| 资产类型 | 测量指标 | 高适应能力 | 低适应能力 | 差异 |
|---|---|---|---|---|
| 金融资本 | 家庭总现金收入 | 127913.2 | 67350.6 | 60562.6*** |
|  | 补贴收入 | 797.9692 | 270.156 | 527.8132** |
|  | 获得借贷的机会 | 0.5947 | 0.4771 | 0.1176 |
| 物质资本 | 通信设备价值 | 5335.057 | 2462.954 | 2872.103** |
|  | 交通工具价值 | 45865.9 | 15200.8 | 30665.1*** |
|  | 生产性资产价值 | 3575.947 | 1560.351 | 2015.596** |
| 社会资本 | 人情成本 | 9246.696 | 4664.45 | 4582.246*** |
|  | 通信费用 | 1035.824 | 650.2339 | 385.5901** |
|  | 与周围人信任程度 | 4.2379 | 3.9656 | 0.2723 |
|  | 是否担任村干部 | 0.3128 | 0.1330 | 0.1798* |
|  | 是否参加合作组织 | 0.5947 | 0.1468 | 0.4479** |

注：***、**、*分别表示在1%、5%、10%的显著性水平上显著。

在人力资本中，高适应能力苹果种植户与低适应能力苹果种植户在四个次级指标上都有显著差异。高适应能力苹果种植户的农业劳动力数量、家庭劳动力受教育程度、农业劳动能力及技术培训次数显著高于低适应能力苹果种植户的劳动力数量、受教育程度、劳动能力及技术培训次数，说明在高适应能力苹果种植户中，人力资本普遍高于低适应能力苹果种植户，即人力资本能够促进苹果种植户适应能力的提高，主要是因为在气候变化背景下，受教育水平、技术培训次数是苹果种植户理解信息与技术的基础，而劳动力数量与劳动能力是苹果种植户做出采取适应性行为决策的重要前提。

在自然资本中，高适应能力苹果种植户与低适应能力苹果种植户在四个次级指标上均有显著差异。高适应能力苹果种植户人均耕地面积4.03亩，高于低适应能力苹果种植户的2.28亩，说明土地禀赋越高的苹果种植户适应能力越强；高适应能力苹果种植户人均苹果种植面积3.46亩，而低适应能力苹果种植户的人均苹果面积为 1.74 亩，因为苹果种植面积越大，受到气候变化影响的可能性越高，迫使苹果种植户能够积极获取有关信息，提高自身适应能力；高适应能力苹果种植户人均可灌溉面积为 0.35亩，高于低适应能力苹果种植户的 0.11 亩，因为灌溉是适应气候变化的有效手段之一，可灌溉面积越大，苹果种植户适应能力越强；高适应能力苹果种植户人均平地果园面积为 1.82 亩，而低适应能力苹果种植户的人均平地果园面积仅为 1 亩，土地越平坦，苹果生产的基础条件越高，能够激励苹果种植户积极采取相应措施适应气候变化。这表明对于苹果种植户而言，自然资本在一定程度上决定了苹果种植户在气候变化背景下的适应能力。

在金融资本中，高适应能力苹果种植户与低适应能力苹果种植户在家庭总收入、补贴收入及借贷可得性方面均有显著差异。高适应能力苹果种植户家庭总现金收入为 127913.2 元，高于低适应能力苹果种植户的 67350.6 元；补贴收入在两类苹果种植户之间的差异为 527.8 元，通过 5% 的显著性检验；在借贷可得性方面，两类苹果种植户之间差异较小。在气候变化的影响下，苹果种植户采取适应性措施需要额外的资本投入，而家庭收入、补贴收入是苹果种植户进行农业生产投资的重要条件。这表明，在气候变化背景下苹果种植户家庭总收入与补贴收入的增加，是提高其适应能力的重要途径。

在物质资本中，高适应能力苹果种植户与低适应能力苹果种植户在三个次级指标上存在显著差异。其中，高适应能力苹果种植户的交通工具价值为 45865.9 元，远高于低适应能力苹果种植户的 15200.8 元；通信设备与生产性资产在两类苹果种植户之间的差异相对较小，分别为 2872.1 元、2015.6 元。交通工具、生产性资产越丰富，苹果种植户进行农业生产再投资的能力越高，具备较强的应对气候变化的能力。这说明交通工具、通信设备及生产性资产也是苹果种植户提高气候变化适应能力的重要方面。

在社会资本中，高适应能力苹果种植户与低适应能力苹果种植户在人情成本、通信费用、村干部经历、合租组织参与四个方面存在显著差异。高适应能力苹果种植户的人情成本与通信费用均高于低适应能力苹果种植户，之间的差异分别为 4582.2 元、385.6 元，可以看出，人情成本较高、通信费用较多的苹果种植户社会网络规模越大，信息获取渠道越多，能够有效获取相应的气候变化与适应性措施信息，提高适应能力。高适应能力苹果种植户的村干部经历、合作组织参与均显著优于低适应能力苹果种植户，说明，有村干部经历、参加合作组织能够帮助苹果种植户在气候变化和极端气候事件中较为容易获取信息与技术，进而提高苹果种植户适应能力。此外，两类苹果种植户在信任程度方面的差异较小，因为在气候变化的影响下，群体之间的相互信任并不能起到分散风险的作用。

## 四　本章小结

本章基于可持续生计理论框架，构建苹果种植户气候变化适应能力指标体系，利用陕西苹果基地县苹果种植户微观调查数据和熵权法，测量苹果种植户适应能力，分析苹果种植户的气候变化适应能力及其构成，并进一步识别影响种植户适应能力的重要因素。

（1）不同地区苹果种植户适应能力差异明显。宝塔区苹果种植户气候变化适应能力平均水平为 8 个样本县最高值，富县、洛川、宜川、白水次之，咸阳市的 3 个样本县苹果种植户的平均适应能力较低，其中以彬县苹果种植户平均适应能力最低。

（2）不同地区苹果种植户适应能力各个构成差异明显。延安市的宝塔区、富县、宜川及洛川的苹果种植户的各个资本水平较高，渭南市的白水次之，而咸阳市的旬邑、彬县及长武的苹果种植户各个资本水平普遍偏低。

（3）苹果种植户气候变化适应能力整体水平较低，低适应能力的苹果种植户占比超过 60%。农业劳动力数量、受教育程度、劳动能力、参加技术培训次数等 17 个指标是影响苹果种植户适应能力的重要因素。

以上研究结论表明，苹果种植户气候变化适应能力普遍较低，且呈现区域差异性。因此，改进苹果种植户气候变化适应能力应当从加强针对不同类型的资本给予不同的补贴方面，因地制宜地制定政策等方面入手。对于人力资本与社会资本较为丰富的延安与渭南地区而言，应当充分发挥人力资本与社会资本在苹果种植户适应气候变化过程中的作用，进一步提高苹果种植户对气候变化与适应性措施的认知水平；对于人力资本、社会资本及物质资本较为缺乏的咸阳地区而言，应当加大技术培训力度，积极引导农民专业合作社发展，发挥技术培训与合作社的作用，提高苹果种植户的人力资本与社会资本，同时加大农用机械的补贴力度，鼓励苹果种植户积极购买生产性机械，丰富苹果种植户的物质资本，以此达到提高苹果种植户适应能力的目标。

## 第六章

## 苹果种植户气候变化
## 适应性行为决策分析

在气候变化背景下，苹果种植户在综合考虑内、外生条件下，选择不同应对措施适应不同气候变化特征。依据前文所述，苹果种植户气候变化适应能力构成内生约束条件，气候风险、市场环境、农作物属性及村庄环境等构成外生约束条件，而苹果种植户气候变化适应性行为决策是这两类约束条件综合作用的结果。本章综合农户行为经济学与气候变化适应性理论内容，构建苹果种植户气候变化适应性行为两阶段决策理论模型，经验性地提出影响种植户适应性行为决策的机理，在此基础上，利用陕西苹果种植户微观调查数据，运用 Double – Hurdle 模型，分析气候变化、市场条件、村庄环境、农作物属性及种植户适应能力对不同苹果生长阶段苹果种植户不同气候变化适应性行为决策选择与采用强度的贡献程度，从而验证外部气候风险、市场条件、农作物属性及村庄环境是诱导种植户适应气候变化的外部条件，而种植户适应能力是诱导苹果种植户气候变化适应性行为决策的内在条件的理论假设。

# 一 理论分析与研究假设

## （一）理论分析

正如理论分析所述，苹果种植户气候变化适应性行为是指苹果种植户为减少气候变化对苹果生产带来的不利影响而采用一系列应对措施的行为决策过程。同时，苹果种植户气候变化适应性行为要受到其家庭禀赋、外部资源环境的双重约束。苹果种植户作为理性经济人，无法改变气候变化的外部条件，只能在这种约束下进行适应性决策选择以实现农业经营收入最大化。在气候变化背景下，苹果种植户适应性行为是两个行为决策过程的有机结合，即第一步是苹果种植户是否采用适应性措施，即决策选择，第二步为苹果种植户对适应性措施的采用程度，即采用强度。完整的苹果种植户气候变化适应性行为是由决策选择与采用强度两个阶段共同决定的，同时受到一系列社会经济因素的影响。基于此，本书构建苹果种植户气候变化适应性行为决策过程（见图6-1）。

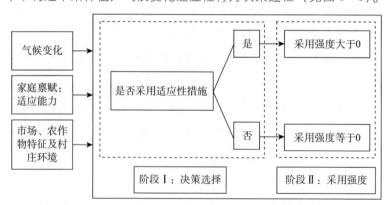

**图6-1 苹果种植户气候变化适应性行为决策过程**

假设苹果种植户在气候变化背景下进行适应性决策以实现期望效用最大化。苹果种植户 $i$ 采用气候变化适应性行为的期望净

收益为 $A_{ia}^*$，而未采用适应性行为的期望净收益为 $A_{in}^*$。则苹果种植户 $i$ 采用气候变化适应性行为的条件为，当且仅当苹果种植户 $i$ 采用气候变化适应性行为的期望净收益大于未采用适应性行为的期望净收益，即 $A_i^* = A_{ia}^* - A_{in}^* > 0$。但 $A_i^*$ 不能直接被观测，但它可被表示为可观测外生变量的线性函数，即：

$$A_i^* = X_i \boldsymbol{\alpha} + \mu_i$$
$$A_i = \begin{cases} 1, A_i^* > 0 \\ 0, A_i^* \leq 0 \end{cases} \qquad (6-1)$$

其中 $A_i^*$ 表示苹果种植户采用适应性行为决策的不可观测的潜变量；$A_i$ 表示苹果种植户采用适应性行为的决策结果，$A_i = 1$ 表示苹果种植户采用适应性行为，否则，苹果种植户未采用适应性行为；$X_i$ 表示影响苹果种植户采用适应性行为的因素向量，这里主要包括气候因素及其变化、苹果种植户适应能力及村庄环境等；$\boldsymbol{\alpha}$ 为待估计参数向量；$\mu_i$ 为随机误差项。

正如图 6-1 所示，苹果种植户气候变化适应性行为采用强度是在苹果种植户适应性决策选择基础上决定的，只有当苹果种植户采用适应性措施时，其采用强度大于 0，而当苹果种植户不采用适应性措施时，其采用强度为 0，即：

$$Y_i^* = X_i \boldsymbol{\beta} + v_i, \quad v_i \sim N(0, \sigma^2)$$
$$Y_i^* = \begin{cases} Y_i, A_i = 1, A_i^* > 0 \\ 0, A_i^* \leq 0 \end{cases} \qquad (6-2)$$

其中 $Y_i^*$ 表示苹果种植户适应性措施的潜在采用强度，不能直接被观测；$X_i$ 表示影响苹果种植户采用适应性行为的因素向量，这里假设与适应性决策方程影响因素一致；$\boldsymbol{\beta}$ 为待估计参数向量；$v_i$ 为随机误差项。

## （二）研究假设

依据理论分析，除气候因素及其变化影响之外，苹果种植户适应性行为决策还取决于其气候变化适应能力与其他特征变量，则苹果种植户气候变化适应性行为决策可表示为：

$$Adaptation = f(C, adaptive\ capacity, E) \qquad (6-3)$$

其中 *Adaptation* 表示苹果种植户气候变化适应性决策；*C* 表示气候因素及其变化；*adaptive capacity* 表示苹果种植户气候变化适应能力；*E* 表示其他影响苹果种植户适应性行为决策的因素。

**1. 气候因素及其变化对苹果种植户适应性行为决策的影响**

将气温和降水量作为气候因素主要表现特征进行研究。随着温度的上升，果园水分的蒸腾速度有所加快，在水资源较为缺乏时，苹果种植户越愿意采用适应性措施（Deressa et al.，2009；冯晓龙等，2015；朱红根、周曙东，2011）。降水对苹果种植户适应性措施采用的影响应当视具体情况而定，如果某个区域水资源匮乏，降水量的增加对苹果种植户的农业生产越有利，苹果种植户不再有必要采用适应性措施，而如果降水量过多，反而不利于农业生产，苹果种植户则会采用其他手段降低这种影响（冯晓龙等，2016c；朱红根、周曙东，2011）。因此，本书预期年平均气温的变化增加苹果种植户适应性措施的采用比例，而年平均降水量的影响因情况而定。依据理论分析结论，本书以横截面的年平均气温偏差、降水量偏差表示气温、降水量的变化。这里偏差是指，该地区当年的气温、降水量与其五年（2010～2014 年）平均水平的离差（Wang et al.，2014），例如年平均气温偏差的计算方法是当年的平均气温减去五年的气温平均值，降水量偏差计算方法类似。

**2. 苹果种植户适应能力对其适应性行为决策的影响**

苹果种植户气候变化适应能力是指在气候变化背景下利用自身资本应对气候变化的能力（Ellis，2000；Gbetibouo and Ringler，2009；Nelson et al.，2007，2010；Piya et al.，2012），是苹果种植户气候变化适应性行为选择与采用强度的内生约束因素。

第一，人力资本。人力资本是苹果种植户从事任何生产活动的基础，它的数量和质量决定苹果种植户应用其他资本适应气候变化的能力。人力资本水平越高，苹果种植户感知和理解气候变化及其适应性措施就越有重要性与必要性，有利于促进苹果种植户选择适应性决策并提高其采用强度。本书预期人力资本正向影响苹果种植户适应性决策与适应强度。在这里，用家庭农业劳动力数量、家庭农业劳动力受教育程度、家庭农业劳动能力及参加技术培训次数为测量指标作为人力资本的代理指标。

第二，自然资本。自然资本是苹果种植户能够利用和用来维持农业生产的土地、水等自然资源。本书选取家庭人均耕地面积、家庭人均苹果种植面积、家庭人均可灌溉果园面积及家庭人均平地果园面积（土地质量）四个指标来衡量自然资本。苹果种植户人均耕地面积与人均苹果种植面积越多，暴露在气候变化下的概率越高，为了降低不利影响，苹果种植户会更加积极地应对气候变化，提高苹果种植户的适应性；果园基本条件越好，果园基础设施越齐全，激励苹果种植户进行农业生产再投资，促进其适应气候变化。因此，本书预期苹果种植户的自然资本越高，适应气候变化的概率与强度越高。

第三，物质资本。物质资本是苹果种植户用于生产过程中除去自然资源的物质，如基础设施和生产工具（赵雪雁，2011）。通信设备、交通工具及生产性工具是苹果种植户与农业生产紧密相关的物质资本。通信设备是苹果种植户获取外部信息的主要工具；交通工具能够帮助苹果种植户进行农业生产投资与销售；生产性工具帮助苹果种植户农业生产，节省劳动成本，提高生产效率。本书预期通信设备、交通工具及生产性工具正向影响苹果种植户适应性决策及适应强度。

第四，金融资本。金融资本是苹果种植户进行农业生产投资的资金保障，金融资本水平越高，苹果种植户应对气候变化的积极性越大，采用适应性措施的强度也越高。本书选取家庭总现金收入、补贴收入及是否获得借贷的机会作为金融资本指标。主要是因为家庭总现金收入、补贴收入是苹果种植户进行生产与消费的资金保障，也是苹果种植户应对外部风险的主要资金来源；当苹果种植户家庭自身所得难以维持时，需要通过借贷弥补自身资金不足。

第五，社会资本。社会资本越丰富，苹果种植户的信息获取渠道越多，暴露在外部信息环境下的概率越高，在苹果种植户信任程度越高的情况下，越能改善其理解能力，进而帮助改进其农业生产的知识和技能，提高采用适应性措施的比例与强度（Adger，2003）。本书选取家庭是否有人担任村干部、是否参加农业合作组织、人情成本、通信费用及与周围人信任程度作为社会资本的测量指标，并预期这些指标对苹果种植户适应性决策选择与适应强度均有正向促进作用。

**3. 市场价格、农作物属性对苹果种植户适应性行为决策的影响**

第一，市场价格。苹果属于商品化程度较高的经济作物，苹果的价格直接决定着苹果种植户家庭收入。苹果价格越高，苹果种植户生产投入的积极性就越高，可能会积极采用应对气候变化的措施。因此，本书预期苹果市场价格正向影响苹果种植户适应性决策选择与采用强度。第二，果树密度。目前苹果种植以乔化栽培方式为主，种植密度越高，果园透风性越低，阳光照射地面的可能性下降，水分的蒸腾速率降低，可以在一定程度上缓解气候变化对苹果种植的影响，进而抑制苹果种植户适应气候变化的行为。第三，果树树龄。苹果属于多年生经济作物，果树树龄增大，导致果园密闭性增加，减少了气候变化对果园水分造成的损失，抑制了苹果种植户采用适应性措施的积极性。

**4. 村庄环境对苹果种植户适应性行为决策的影响**

第一，乡镇距离。苹果种植户到乡镇、市场的距离与苹果种植户采用新技术呈现极大的负相关性（储成兵，2015）。苹果种植户与乡镇距离越远，了解和学习气候变化适应性行为的机会越少，采用适应性措施的概率越低。因此，本书假设苹果种植户到乡镇的距离负向影响苹果种植户气候变化适应性行为。第二，信息宣传或灌溉可得性。政府关于气候变化适应性措施的信息宣传能够提高苹果种植户气候变化的认知，增加其对适应性措施作用的了解，促进苹果种植户适应气候变化的决策行为。因此，本书假设政府的信息宣传与苹果种植户适应性行为正相关。村庄农业生产用水灌溉基础设施是苹果种植户灌溉决策的基本条件，设施越齐备，苹果种植户灌溉积极性越高，采用灌溉措施应对气候变化的比例也越高。

## 二　适应性措施与变量描述性统计分析

由于气候变化与苹果种植的季节性差异，不同苹果生长阶段陕西苹果种植户适应气候变化的措施差异较为明显，具有时间上的可分性，主要表现在苹果开花期与苹果膨大期及其他关键生长期气候变化的适应性措施方面。只有区分苹果种植户不同气候变化特征的适应性行为选择特征及其影响因素，才能够识别限制苹果种植户适应不同阶段气候变化的关键因素，为进一步加快适应性措施推广，提高苹果种植户适应能力提供准确的实证依据与参考。因此，本书从苹果种植户采用不同适应性行为应对不同气候变化特征出发，分析研究苹果种植户气候变化适应性行为选择动机及其影响机制。

### （一）苹果开花期苹果种植户气候变化适应性措施与变量描述性分析

正如前文所述，对于苹果开花期气候变化特征，陕西苹果种植户主要采用果园熏烟、喷打防冻剂及灌溉等方式应对，因此，在分析苹果开花期苹果种植户适应性行为选择时考虑果园熏烟和喷打防冻剂两个措施。这里需要说明的是，在下文研究苹果开花期的苹果种植户气候变化适应性行为选择及其影响因素时，并未将灌溉措施纳入其中，而是单独进行分析，主要是因为灌溉是苹果种植户在苹果生产整个过程中均会采用的应对手段，无法具体区分苹果种植户采用灌溉措施的目的性。

苹果种植户在生产实践时，往往采用其中一种或几种的结合，这些均被认为是苹果种植户发生了适应性行为。调查数据显示，在苹果开花期，409 户种植户采用熏烟、防冻剂应对苹果开花期的气候变化，占到总样本的 61.69%，且户均采用强度为 8.37 亩，小于户均苹果种植面积 10.18 亩，说明苹果种植户对于新型适应性措施的认知水平偏低，导致其苹果开花期气候变化适应性行为仍然较为缺乏。

苹果开花期适应苹果种植户与未适应苹果种植户之间各个特征平均差异描述性统计结果如表 6-1 所示。这里需要说明的是，苹果开花期一般发生在每年 4 月，因此，为更加准确地反映这一时期内气候变化对苹果开花期苹果种植户适应性行为决策的影响，本书仅考虑第二季度气温、降水量及其变化作为气候变化代理变量。从气候因素及其变化情况来看，适应苹果种植户所在县气温低于未适应苹果种植户所在县，这说明两类苹果种植户所在县气候因素及其变化存在差异，且气温越低地区的苹果种植户更倾向于采用熏烟、防冻剂等措施适应气候变化。

表 6-1　苹果开花期适应种植户与未适应种植户变量描述性统计分析

| 变量名称 | 适应苹果种植户 | 未适应苹果种植户 | 差异 |
|---|---|---|---|
| 气候变化 | | | |
| 第二季度平均气温（℃） | 11.0733<br>(0.4770) | 11.1711<br>(0.4681) | -0.0978*** |
| 第二季度平均气温变化（℃） | -0.1242<br>(0.2114) | -0.1427<br>(0.2022) | 0.0185 |

续表

| 变量名称 | 适应苹果种植户 | 未适应苹果种植户 | 差异 |
|---|---|---|---|
| 第二季度平均降水量（mm） | 32.0804<br>（5.2738） | 31.6985<br>（4.5148） | 0.3819 |
| 第二季度平均降水量变化（mm） | -6.0815<br>（3.4100） | -5.6953<br>（3.5916） | -0.3862 |
| 适应能力 | 5.0197<br>（0.4224） | 4.9657<br>（0.3282） | 0.0540* |
| 人力资本 | 1.0584<br>（0.1462） | 1.0416<br>（0.1395） | 0.0168 |
| 农业劳动力数量（人） | 2.1320<br>（0.7051） | 2.1181<br>（0.6487） | 0.0139 |
| 家庭农业劳动力受教育程度 | 0.9779<br>（0.4772） | 0.9567<br>（0.4891） | 0.0212 |
| 家庭农业劳动能力 | 4.9144<br>（1.9059） | 4.7480<br>（1.8776） | 0.1664 |
| 参加技术培训次数（次） | 1.0391<br>（1.8172） | 0.7519<br>（1.5263） | 0.2872** |
| 自然资本 | 1.0542<br>（0.1744） | 1.0511<br>（0.1246） | 0.0031 |
| 人均耕地面积（亩） | 2.9462<br>（2.8238） | 2.7654<br>（1.9902） | 0.1808 |
| 人均苹果种植面积（亩） | 2.4154<br>（2.7072） | 2.1871<br>（1.6732） | 0.2283 |
| 人均可灌溉果园面积（亩） | 0.1588<br>（0.5397） | 0.2395<br>（0.6899） | -0.0807* |
| 人均平地果园面积（亩） | 1.2977<br>（2.1588） | 1.2490<br>（1.2742） | 0.0487 |
| 金融资本 | 0.7983<br>（0.1006） | 0.7754<br>（0.0667） | 0.0229*** |
| 家庭总现金收入（万元） | 9.3628<br>（7.5880） | 7.9163<br>（5.0606） | 1.4465*** |
| 补贴收入（万元） | 0.0511<br>（0.4989） | 0.0354<br>（0.0713） | 0.0157 |
| 信贷可得性 | 0.5403<br>（0.4989） | 0.4803<br>（0.5006） | 0.06 |

续表

| 变量名称 | 适应苹果种植户 | 未适应苹果种植户 | 差异 |
|---|---|---|---|
| 物质资本 | 0.7924<br>(0.1082) | 0.7849<br>(0.0999) | 0.0075 |
| 通信设备价值（万元） | 0.3457<br>(0.5056) | 0.3429<br>(0.3361) | 0.0028 |
| 交通工具价值（万元） | 2.6507<br>(3.3470) | 2.4400<br>(3.1247) | 0.2107 |
| 生产性工具价值（万元） | 0.2321<br>(0.2566) | 0.2136<br>(0.2662) | 0.0185 |
| 社会资本 | 1.3164<br>(0.1483) | 1.3128<br>(0.1189) | 0.0036 |
| 人情成本（万元） | 0.6269<br>(0.7801) | 0.6175<br>(0.6624) | 0.0094 |
| 通信费用（元） | 814.9242<br>(708.5634) | 729.6457<br>(545.2884) | 85.2785 |
| 与周围人信任程度 | 4.1417<br>(0.6913) | 4.0073<br>(0.9536) | 0.1344* |
| 是否担任村干部 | 0.1956<br>(0.3971) | 0.1929<br>(0.3954) | 0.0027 |
| 是否参加合作组织 | 0.3129<br>(0.4643) | 0.2795<br>(0.4496) | 0.0334 |
| 市场条件 | | | |
| 农产品市场价格（元/斤） | 2.6916<br>(0.5381) | 2.6389<br>(0.5665) | 0.0527 |
| 农作物属性 | | | |
| 果树密度（株/亩） | 48.4841<br>(13.7374) | 48.9488<br>(13.6819) | -0.4647 |
| 果树树龄（年） | 16.7653<br>(6.3766) | 16.9843<br>(5.9663) | -0.219 |
| 村庄环境 | | | |
| 乡镇距离（km） | 11.9437<br>(11.1726) | 11.2480<br>(9.7152) | 0.6957 |
| 适应性措施信息宣传 | 0.6430<br>(0.4797) | 0.5984<br>(0.4912) | 0.0446 |

注：*、**、***分别表示在10%、5%、1%的水平上显著。括号内数字为系数的标准误。

从苹果种植户适应能力来看，适应苹果种植户的适应能力为5.0197，高于未适应苹果种植户的4.9657，且差异通过10%的显著性水平检验，说明适应能力越高的苹果种植户更倾向于采用适应苹果开花期低温的措施。从适应能力的构成来看，人力资本中，适应苹果种植户的技术培训参加次数高于未适应苹果种植户，且差异明显，说明技术培训一定程度上能够提高苹果种植户采用适应性措施的概率。在自然资本中，人均可灌溉果园面积在两类苹果种植户中差异明显，说明果园基础设施不完备的苹果种植户更倾向于适应苹果开花期的气候变化。在金融资本中，适应苹果种植户的家庭总现金收入显著高于未适应苹果种植户，说明家庭经济水平较高的苹果种植户更愿意适应气候变化。在社会资本中，适应苹果种植户与周围人信任程度高于未适应苹果种植户，这也说明苹果种植户与周围人的信任程度越高，其适应花期低温的可能性越高。

上述描述性统计分析结果表明，气候变化、苹果种植户适应能力在不同程度上影响苹果开花期苹果种植户气候变化适应性决策选择。然而，这种数量关系是否具有统计学意义，还需要进一步的实证计量模型检验。

## （二）苹果膨大期苹果种植户气候变化适应性措施与变量描述性分析

果园生草、覆黑地膜或铺秸秆等覆盖措施与灌溉是目前苹果种植户应对苹果膨大期气候变化的主要有效手段，但由于灌溉措施也是苹果种植户应对苹果开花期气候变化的手段，需要单独进行分析，因此，在分析苹果膨大期苹果种植户气候变化适应性行为选择时仅考虑覆盖措施。

苹果种植户在生产实践时，往往采用其中一种或几种的结合，这些均被认为是苹果种植户发生了适应性行为。调查数据显示，在样本中，仅有27.90%（185户采用，478户未采用）的苹果种植户采用果园覆盖措施适应气候变化，且户均采用强度为5.41亩，小于户均苹果种植面积10.18亩，说明苹果种植户对于新型适应性措施的认知水平偏低，导致其气候变化适应性行为仍然较为缺乏。

适应苹果种植户与未适应苹果种植户之间各个特征的平均差异描述性统计结果如表6－2所示。苹果种植户采用覆盖措施从苹果膨大期持续到苹果成熟期甚至到苹果休眠期，因此，为分析气候变化对苹果种植户覆盖措施选择的影响，将年平均气温、降水量及其变化作为气候变化代理变量。从气候因素及其变化情况来看，适应苹果种植户所在县气温变化低于未适应苹果种植户所在县气温变化，适应苹果种植户所在县的年均降水量及其变化均高于未适应苹果种植户所在县，这说明两类苹果种植户所在县的外部气候因素及其变化存在差异。

表6－2　苹果膨大期适应种植户与未适应种植户变量描述性统计分析

| 变量名称 | 适应苹果种植户 | 未适应苹果种植户 | 差异 |
|---|---|---|---|
| 气候变化 | | | |
| 年平均气温（℃） | 10.2521<br>（0.3581） | 10.2353<br>（0.3761） | 0.0168 |
| 年平均气温变化（℃） | 0.0918<br>（0.0616） | 0.1003<br>（0.0510） | －0.0085* |
| 年平均降水量（mm） | 48.1887<br>（2.6337） | 47.0579<br>（2.3975） | 1.1308* |
| 年平均降水量变化（mm） | 1.1030<br>（1.2581） | 0.6493<br>（1.1785） | 0.4537* |
| 适应能力 | 5.1359<br>（0.4251） | 4.9460<br>（0.3617） | 0.1899*** |
| 人力资本 | 1.0991<br>（0.1523） | 1.0338<br>（0.1363） | 0.0653*** |
| 农业劳动力数量（人） | 2.2541<br>（0.6799） | 2.0774<br>（0.6793） | 0.1767*** |

续表

| 变量名称 | 适应苹果种植户 | 未适应苹果种植户 | 差异 |
|---|---|---|---|
| 家庭农业劳动力受教育程度 | 1.0757<br>(0.4695) | 0.9288<br>(0.4804) | 0.1469*** |
| 家庭农业劳动能力 | 5.2324<br>(1.9712) | 4.7029<br>(1.8462) | 0.5295*** |
| 参加技术培训次数（次） | 1.4216<br>(2.0418) | 0.7385<br>(1.5325) | 0.6831*** |
| 自然资本 | 1.0721<br>(0.2152) | 1.0456<br>(0.1273) | 0.0265* |
| 人均耕地面积（亩） | 3.0529<br>(3.2658) | 2.8088<br>(2.1912) | 0.2441 |
| 人均苹果种植面积（亩） | 2.5034<br>(3.1386) | 2.2600<br>(1.9885) | 0.2434 |
| 人均可灌溉果园面积（亩） | 0.2743<br>(0.6924) | 0.1569<br>(0.5612) | 0.1174** |
| 人均平地果园面积（亩） | 1.4269<br>(2.6768) | 1.2218<br>(1.3723) | 0.2051 |
| 金融资本 | 0.8055<br>(0.0996) | 0.7833<br>(0.0849) | 0.0222*** |
| 家庭总现金收入（万元） | 9.8982<br>(8.1103) | 8.3869<br>(6.1244) | 1.5113*** |
| 补贴收入（万元） | 0.0632<br>(0.1615) | 0.0381<br>(0.1504) | 0.0251* |
| 信贷可得性 | 0.5297<br>(0.5005) | 0.5126<br>(0.5004) | 0.0171 |
| 物质资本 | 0.8118<br>(0.1028) | 0.7809<br>(0.1039) | 0.0309*** |
| 通信设备价值（万元） | 0.3871<br>(0.3768) | 0.3282<br>(0.4721) | 0.0589 |
| 交通工具价值（万元） | 2.8939<br>(3.2574) | 2.4447<br>(3.2598) | 0.4492 |
| 生产性工具价值（万元） | 0.2849<br>(0.2817) | 0.2018<br>(0.2479) | 0.0831*** |
| 社会资本 | 1.3474<br>(0.1474) | 1.3024<br>(0.1317) | 0.045*** |

| 变量名称 | 适应苹果种植户 | 未适应苹果种植户 | 差异 |
|---|---|---|---|
| 人情成本（万元） | 0.7066<br>(0.8338) | 0.5911<br>(0.6938) | 0.1155* |
| 通信费用（元） | 844.6595<br>(634.4571) | 758.1004<br>(657.3911) | 86.5591 |
| 与周围人信任程度 | 4.0918<br>(0.8951) | 4.0460<br>(0.8529) | 0.0458 |
| 是否担任村干部 | 0.2270<br>(0.4200) | 0.1820<br>(0.3863) | 0.045 |
| 是否参加合作组织 | 0.4324<br>(0.4968) | 0.2489<br>(0.4328) | 0.1835*** |
| 市场条件 | | | |
| 农产品市场价格（元/斤） | 2.7772<br>(0.5574) | 2.6311<br>(0.5388) | 0.1461*** |
| 农作物属性 | | | |
| 果树密度（株/亩） | 47.2<br>(12.4306) | 49.2280<br>(14.1429) | -2.028* |
| 果树树龄（年） | 16.5567<br>(6.0638) | 16.9623<br>(6.2805) | -0.4056 |
| 村庄环境 | | | |
| 乡镇距离（km） | 11.1676<br>(10.3881) | 11.8745<br>(10.7343) | -0.7069 |
| 适应性措施信息宣传 | 0.6527<br>(0.4766) | 0.5567<br>(0.4981) | 0.096** |

注：*、**、***分别表示在10%、5%、1%的水平上显著。括号内数字为系数的标准误。

从苹果种植户适应能力来看，适应苹果种植户的适应能力为5.1359，高于未适应苹果种植户的4.9460，且差异通过1%的显著性水平检验，说明适应能力越高的苹果种植户更倾向于采用适应性措施。从适应能力的构成来看，适应苹果种植户的人力资本、自然资本、金融资本、物质资本及社会资本水平为均高于未适应苹果种植户，且差异显著，说明人力资本、自然资本、金融资本、物质资本及社会资本的提高能够促进苹果种植户适应性措施的采用。具体来看，在人力资本中，适应苹果种植户的农业劳动力数量、受教育程度、劳动能力及技术培训参加次数均高于未适应苹果种植户，且差异明显，说明这些因素一定程度上能够提高苹果种植户适应气候变化的概率。在自然资本中，仅人均可灌溉果园面积在两类苹果种植户中差异明显，说明果园基础设施较为完备的苹果种植户更倾向于适应气候变化。在金融资本中，适应苹果种植户的家庭总现金收入及补贴收入显著高于未适应苹果种植户，说明家庭经济水平较高的苹果种植户更愿意适应气候变化。在物质资本中，仅生产性工具在两类苹果种植户之间差异明显，且适应苹果种植户高于未适应苹果种植户，生产性工具能够帮助苹果种植户应对气候变化。在社会资本中，适应苹果种植户的人情往来及合作组织参与情况显著优于未适应苹果种植户，这也说明苹果种植户社会网络、农业合作组织是促进苹果种植户适应气候变化的可能性因素。

从市场价格来看，适应苹果种植户的农产品销售价格显著高于未适应苹果种植户，说明农产品价格能够促进苹果种植户积极地应对气候变化。从果树特征来看，适应苹果种植户的平均苹果栽培密度显著大于未适应苹果种植户，说明果树密度在一定程度上影响苹果种植户的适应性决策。从村庄环境来看，适应苹果种植户所在村庄宣传气候变化相关适应性措施的比例明显高于未适应苹果种植户所在村庄，这说明村庄公共物品供给能够提高苹果种植户气候变化的适应比例。

上述描述性统计分析结果表明，气候变化、苹果种植户适应能力、市场价格及村庄环境在不同程度上影响苹果膨大期苹果种植户气候变化的适应性决策选择。然而，这种数量关系是否具有统计学意义，还需要进一步的实证计量模型检验。

### （三）　苹果生长期苹果种植户灌溉决策与变量描述性分析

灌溉作为苹果种植户农业生产过程中一项不可或缺的投资，

能够降低农业产量的波动，进而降低苹果种植户家庭收益变化。实地调查数据显示，样本中仅有12.97%（86户采用，577户未采用）的苹果种植户采用增加灌溉的方式适应气候变化，且户均灌溉面积为7.89亩，说明苹果种植户灌溉比例非常低。造成这一结果的主要原因是陕西地处中国内陆腹地，是全国水资源最紧缺的省份，水资源总量为445×108立方米，人均亩均水资源拥有量分别只占全国平均水平的53%和41%（唐建军，2010），水资源严重匮乏，影响苹果种植户进行灌溉适应气候变化（冯晓龙等，2016c）。

为了比较分析灌溉苹果种植户与未灌溉苹果种植户之间各个特征之间的差异，将苹果种植户按照灌溉与否划分为两类群体，分别考察各个群体特征，并比较两个群体之间的差异，结果见表6-3。

表6-3 苹果生长期内灌溉种植户与未灌溉种植户变量描述性统计分析

| 变量名称 | 灌溉苹果种植户 | 未灌溉苹果种植户 | 差异 |
|---|---|---|---|
| 气候变化 | | | |
| 年平均气温（℃） | 10.3618<br>（0.2832） | 10.2218<br>（0.3792） | 0.1400*** |
| 年平均气温变化（℃） | 0.0506<br>（0.0485） | 0.1050<br>（0.0515） | -0.0544*** |
| 年平均降水量（mm） | 50.0567<br>（2.5371） | 46.9736<br>（2.2554） | 3.0831*** |
| 年平均降水量变化（mm） | 1.4199<br>（1.0184） | 0.6799<br>（1.2162） | 0.7400*** |
| 适应能力 | 5.1145<br>（0.3108） | 4.9818<br>（0.3974） | 0.1327*** |
| 人力资本 | 1.0902<br>（0.1402） | 1.0463<br>（0.1436） | 0.0439*** |
| 农业劳动力数量（人） | 2.1977<br>（0.6999） | 2.1161<br>（0.6811） | 0.0816 |
| 家庭农业劳动力受教育程度 | 1.1453<br>（0.4329） | 0.9437<br>（0.4833） | 0.2016*** |

**续表**

| 变量名称 | 灌溉苹果种植户 | 未灌溉苹果种植户 | 差异 |
|---|---|---|---|
| 家庭农业劳动能力 | 4.9651<br>（1.7587） | 4.8336<br>（1.9158） | 0.1315 |
| 参加技术培训次数（次） | 1.2674<br>（2.2722） | 0.8787<br>（1.6135） | 0.3887** |
| 自然资本 | 1.1497<br>（0.1473） | 1.0386<br>（0.1535） | 0.1111*** |
| 人均耕地面积（亩） | 2.6532<br>（1.4073） | 2.9103<br>（2.6638） | −0.2571 |
| 人均苹果种植面积（亩） | 1.9231<br>（1.0683） | 2.3882<br>（2.4977） | −0.4651* |
| 人均可灌溉果园面积（亩） | 1.4627<br>（0.9712） | 0 | 1.4627*** |
| 人均平地果园面积（亩） | 1.2526<br>（1.0102） | 1.2829<br>（1.9657） | −0.0303 |
| 金融资本 | 0.7962<br>（0.7962） | 0.7885<br>（0.0876） | 0.0077 |
| 家庭总现金收入（万元） | 8.9873<br>（6.6671） | 8.7819<br>（6.7851） | 0.2054 |
| 补贴收入（万元） | 0.0659<br>（0.2009） | 0.0419<br>（0.1455） | 0.024 |
| 信贷可得性 | 0.5000<br>（0.5029） | 0.5199<br>（0.5000） | −0.0199 |
| 物质资本 | 0.7836<br>（0.0792） | 0.7904<br>（0.1077） | −0.0068 |
| 通信设备价值（万元） | 0.3889<br>（0.2838） | 0.3380<br>（0.4674） | 0.0509 |
| 交通工具价值（万元） | 2.1137<br>（2.1531） | 2.6380<br>（3.3935） | −0.5243 |
| 生产性工具价值（万元） | 0.2065<br>（0.2344） | 0.2278<br>（0.2639） | −0.0213 |
| 社会资本 | 1.2948<br>（0.1200） | 1.3180<br>（0.1399） | −0.0232 |
| 人情成本（万元） | 0.5855<br>（0.7077） | 0.6289<br>（0.7414） | −0.0434 |

续表

| 变量名称 | 灌溉苹果种植户 | 未灌溉苹果种植户 | 差异 |
|---|---|---|---|
| 通信费用（元） | 664.7209<br>(438.7533) | 799.7712<br>(676.3358) | -135.0503* |
| 与周围人信任程度 | 3.9767<br>(0.9938) | 4.0711<br>(0.8438) | -0.0944 |
| 是否担任村干部 | 0.1395<br>(0.3485) | 0.2028<br>(0.4024) | -0.0633 |
| 是否参加合作组织 | 0.3372<br>(0.4755) | 0.2946<br>(0.4563) | 0.0426 |
| 市场条件 | | | |
| 农产品市场价格（元/斤） | 2.6859<br>(0.5526) | 2.5727<br>(0.5032) | 0.1132* |
| 农作物属性 | | | |
| 果树密度（株/亩） | 54.0349<br>(15.3871) | 47.8614<br>(13.2689) | 6.1735*** |
| 果树树龄（年） | 18.5116<br>(6.4238) | 16.6014<br>(6.1552) | 1.9103*** |
| 村庄环境 | | | |
| 乡镇距离（km） | 7.3605<br>(6.6861) | 12.3206<br>(10.9643) | -4.9601*** |
| 灌溉可得性 | 0.6860<br>(0.4668) | 0.0988<br>(0.2986) | 0.5872*** |

注：*、**、***分别表示在10%、5%、1%的水平上显著。括号内数字为系数的标准误。

从气候因素及其变化情况来看，灌溉苹果种植户所在县年平均气温、降水量及其降水量偏差均高于未灌溉苹果种植户所在县，而灌溉苹果种植户所在县的年均气温变化低于未灌溉苹果种植户所在县。这说明外部气候因素及其变化可能对苹果种植户灌溉决策产生影响，可能的原因是气温上升使得苹果种植户灌溉意愿增强，同时降水量的增加能够丰富地表水资源，满足苹果生产过程的灌溉用水的需求。

从苹果种植户适应能力来看，灌溉苹果种植户的适应能力为

5.1145，高于未适应苹果种植户的 4.9818，且差异通过 1% 的显著性水平检验，说明适应能力越高的种植户更倾向于采用增加灌溉的方式应对气候变化。从适应能力的构成来看，灌溉苹果种植户的人力资本、自然资本显著高于未灌溉苹果种植户，说明这两个资本可能与种植户灌溉决策有正向相关关系。具体来看，人力资本中灌溉苹果种植户的受教育程度、技术培训次数高于未灌溉苹果种植户，且差异明显，说明受教育程度与技术培训可能是影响种植户灌溉的主要因素；自然资本中人均可灌溉面积在两类苹果种植户中差异明显，说明果园灌溉基础设施是影响种植户采用灌溉方式应对气候变化的主要因素，而灌溉苹果种植户的人均苹果种植面积低于未灌溉苹果种植户，差异通过 10% 的显著性水平检验，意味着随着苹果种植规模的增加，种植户的灌溉积极性可能会下降。

从市场价格来看，灌溉苹果种植户的农产品销售价格显著高于未灌溉苹果种植户，说明农产品市场需求能够激励苹果种植户积极灌溉应对气候变化。从农作物属性来看，灌溉苹果种植户的苹果栽培密度、果树树龄显著大于未灌溉苹果种植户，说明果树种植密度、果树树龄与种植户的灌溉决策可能存在正向相关关系。从村庄环境来看，灌溉苹果种植户所在村庄灌溉可得性明显高于未灌溉苹果种植户所在村庄，这说明村庄灌溉基础设施供给可能提高种植户的灌溉比例；而灌溉苹果种植户所在乡镇距离小于未灌溉苹果种植户所在村庄，意味着乡镇距离与种植户灌溉决策可能存在负向相关。

上述描述性统计分析结果表明，气候变化、苹果种植户适应能力、市场价格、农作物属性及其村庄环境与种植户灌溉决策之间可能存在一定关系。然而，这种数量关系是否具有统计学意义，还需要进一步的实证计量模型检验。

# 三 计量模型选择与实证结果分析

## （一）计量模型选择

在实证分析时，为了识别适应能力及其构成对苹果种植户适应性行为决策的影响，回归过程分为 3 个模型逐步进行考察：模型 1 是考察苹果种植户适应能力对苹果种植户适应性行为决策的影响；模型 2 与模型 3 考察适应能力各个构成对苹果种植户适应性行为决策的影响。通过理论分析可知，苹果种植户气候变化适应性行为决策是决策选择和采用强度两个阶段决策过程的有机结合，其中决策选择为二元取值，若苹果种植户选择适应性行为，则取值为 1，若苹果种植户未选择适应性行为，则取值为 0；采用强度的观测值是以零值为截断点的截断数据。因此，可采用 Tobit 模型或者由 Probit + Truncated 模型构成的 Double - Hurdle 模型进行估计（Xie et al.，2014）。模型形式的选择可使用最大似然法进行检验（Greene，2010；Xie et al.，2014），如果 Tobit 模型最大似然比值与 Double - Hurdle 模型最大似然比值之差大于卡方临界值，则表明后者优于前者，否则前者优于后者（Xie et al.，2014；冯晓龙等，2016c；吉登艳等，2015）。回归结果显示：在苹果开花期苹果种植户适应情况下，对于模型 1 而言，Tobit 模型的最大似然比值为 -545.66，而 Double - Hurdle 模型的最大似然比值为 -468.22，两个最大似然比值之差 = 311.72 - 281.13 = 77.44，大于 1% 显著性水平的卡方临界值 30.58；对于模型 2 与模型 3 而言，Tobit 模型的最大似然比值分别为 -522.84、-481.89，而 Double - Hurdle 模型的最大似然比值分别为 -423.84、-369.55，两个最大似然比值之差分别为 99、112.34，均大于 1% 显著性水平的卡方临界值。在苹果膨大期苹果种植户适应情况下，对于模型 1 而言，Tobit 模型的最大似然比值为 -311.72，而 Double - Hurdle 模型的最大似然比值为 -281.13，两个最大似然比值之差 = 311.72 - 281.13 = 30.59，大于 1% 显著性水平的卡方临界值 30.58；对于模型 2 与模型 3 而言，Tobit 模型的最大似然比值分别为 -309.22、-299.78，而 Double - Hurdle 模型的最大似然比值分别为 -275.96、-247.05，两个最大似然比值之差分别为 33.26、52.73，均大于 1% 显著性水平的卡方临界值。同理可知，Double - Hurdle 模型较为合适分析苹果种植户灌溉决策的影响因素。这些结论说明 Double - Hurdle 模型比 Tobit 模型更加适合分析苹果开花期与苹果膨大期苹果种植户的适应能力及其各个构成对其适应性行为的影响。

因此，为分析影响苹果种植户气候变化适应性行为决策的因素，本书在借鉴已有研究方法基础上（储成兵，2015；王瑜、应瑞瑶，2008），选择 Double - Hurdle 模型实证分析苹果种植户气候变化适应性行为的决策选择与采用强度的影响因素。Double - Hurdle 模型，又被称为广义 Tobit 模型，在该模型中决策选择方程和数量选择方程可以有不同的估计系数，适用于分析影响个体在经济行为中两个具有先后次序的不同决策阶段的因素（Cragg，1971；储成兵，2015；冯晓龙等，2016c）。其实质是一个 Probit 模型和一个 Truncated 模型的组合，它允许自变量分别影响苹果种植户对气候变化适应性措施的采用决策和采用强度，对苹果种植户气候变化适应性行为的阐述具有较大的解释力（冯晓龙等，2016c）。

首先，构建"第一栏"的 Probit 选择模型如下：

$$Z_i^* = \alpha X_{1i} + \mu_i, \quad \mu_i \sim N(0,1)$$

$$Z_i = \begin{cases} 1, Z_i^* > 0 \\ 0, Z_i^* \leq 0 \end{cases} \quad i = 1, 2, \cdots, n \quad (6-4)$$

如果苹果种植户采用适应性措施（$Z_i = 1$），则进入"第二栏"的

Truncated 回归模型，采用适应性措施的强度（$Y_i > 0$），即：

$$Y_i^* = \beta X_{2i} + v_i, \quad v_i \sim N(0, \sigma^2) \tag{6-5}$$

将公式（6-4）与公式（6-5）结合，即构成 Double - Hurdle 模型：

$$\begin{cases} Y_i = Y_i^*, Z_i^* > 0, Z_i = 1 \\ Y_i = 0, Z_i^* \leqslant 0 \end{cases} \tag{6-6}$$

其中公式（6-4）~公式（6-6）中，$X_{1i}$、$X_{2i}$ 为解释变量构成的向量；$\alpha$、$\beta$ 为回归系数向量；$n$ 为样本数量；、$\mu_i$、$v_i$ 为随机误差项。公式（6-4）中，$Z_i^*$ 表示苹果种植户适应性措施采用决策的潜在指示变量，不能直接被观测；当 $Z_i^* > 0$ 时，$Z_i = 1$ 表示苹果种植户采用适应性措施，反之表示苹果种植户不采用适应性措施。公式（6-5）中，$Y_i^*$ 表示苹果种植户采用强度的指示变量。公式（6-6）中，$Y_i$ 表示第 $i$ 个苹果种植户对适应性措施的采用强度；当 $Z_i^* > 0$，且 $Z_i = 1$ 时，$Y_i = Y_i^*$。

## （二）苹果开花期苹果种植户气候变化适应性行为决策影响结果分析

运用 Stata 14.0 软件对苹果开花期苹果种植户气候变化适应性行为决策的 Double - Hurdle 模型进行估计，回归结果见表6-4。

**表6-4　苹果开花期苹果种植户气候变化适应性行为决策影响因素**

| 变量名称 | 模型 1 | | 模型 2 | | 模型 3 | |
|---|---|---|---|---|---|---|
| | 决策选择模型 | 采用强度模型 | 决策选择模型 | 采用强度模型 | 决策选择模型 | 采用强度模型 |
| 气候变化 | | | | | | |
| 第二季度平均气温 | -0.1071 (0.1422) | -0.0347 (0.1362) | -0.1272 (0.1437) | -0.0489 (0.0786) | -0.1230 (0.1569) | -0.1156* (0.0622) |
| 第二季度平均气温变化 | 4.9227*** (0.8239) | 0.4289 (0.6846) | 4.8726*** (0.8333) | 0.5774 (0.4031) | 4.6503*** (0.8738) | -0.1434 (0.3302) |

续表

| 变量名称 | 模型 1 | | 模型 2 | | 模型 3 | |
|---|---|---|---|---|---|---|
| | 决策选择模型 | 采用强度模型 | 决策选择模型 | 采用强度模型 | 决策选择模型 | 采用强度模型 |
| 第二季度平均降水量 | −0.0212 (0.0193) | −0.0550*** (0.0165) | −0.0253 (0.0197) | −0.0459*** (0.0097) | −0.0160 (0.0211) | −0.0246*** (0.0075) |
| 第二季度平均降水量变化 | −0.2775*** (0.0446) | −0.0417 (0.0367) | −0.2719*** (0.0453) | −0.0202 (0.0222) | −0.2697*** (0.0472) | −0.0033 (0.0175) |
| 适应能力 | 0.3660** (0.1666) | 1.0154*** (0.1132) | | | | |
| 人力资本 | | | 0.1622 (0.4065) | 0.1375 (0.1899) | | |
| 农业劳动力数量 | | | | | 0.0089 (0.1063) | 0.0880** (0.0356) |
| 家庭农业劳动力受教育程度 | | | | | 0.1365 (0.1471) | 0.1359** (0.0583) |
| 家庭农业劳动能力 | | | | | 0.0248 (0.0143) | 0.0185 (0.0153) |
| 参加技术培训次数 | | | | | 0.0695* (0.0372) | −0.0124 (0.0124) |
| 自然资本 | | | 0.0082 (0.3916) | 2.0152*** (0.1346) | | |
| 人均耕地面积 | | | | | −0.0126 (0.0530) | 0.0556*** (0.0144) |
| 人均苹果种植面积 | | | | | 0.0568 (0.0703) | 0.1014*** (0.0166) |
| 人均可灌溉果园面积 | | | | | −0.1278 (0.0977) | −0.0557 (0.0399) |
| 人均平地果园面积 | | | | | −0.0278 (0.0517) | −0.0182 (0.0136) |
| 金融资本 | | | 2.2195*** (0.7662) | 0.9575*** (0.2595) | | |
| 家庭总现金收入 | | | | | 0.0206** (0.0105) | 0.0161*** (0.0028) |
| 补贴收入 | | | | | 0.5252 (0.5602) | 0.0651 (0.1073) |

| 变量名称 | 模型 1 | | 模型 2 | | 模型 3 | |
|---|---|---|---|---|---|---|
| | 决策选择模型 | 采用强度模型 | 决策选择模型 | 采用强度模型 | 决策选择模型 | 采用强度模型 |
| 借贷可得性 | | | | | 0.2016*<br>(0.1097) | 0.0100<br>(0.0414) |
| 物质资本 | | | 0.3629<br>(0.6019) | 0.0415<br>(0.2785) | | |
| 通信设备价值 | | | | | 0.0261<br>(0.1245) | 0.0283<br>(0.0368) |
| 交通工具价值 | | | | | 0.0030<br>(0.0184) | 0.0048<br>(0.0063) |
| 生产性工具价值 | | | | | 0.0281<br>(0.2279) | −0.1309<br>(0.0828) |
| 社会资本 | | | 0.0551<br>(0.4272) | 0.3739*<br>(0.1941) | | |
| 人情成本 | | | | | 0.0142<br>(0.0795) | 0.0176<br>(0.0268) |
| 通信费用 | | | | | 0.0000<br>(0.0001) | −0.0000<br>(0.0000) |
| 与周围人信任程度 | | | | | 0.1188*<br>(0.0665) | 0.0180<br>(0.0229) |
| 是否担任村干部 | | | | | 0.0247<br>(0.1404) | 0.0661<br>(0.0505) |
| 合作组织参与情况 | | | | | 0.0304<br>(0.1364) | 0.1083**<br>(0.0478) |
| 市场条件 | | | | | | |
| 市场价格 | 0.3127<br>(0.2629) | −0.1423<br>(0.2280) | 0.3049<br>(0.2661) | 0.1439<br>(0.1413) | 0.2583<br>(0.2732) | −0.0109<br>(0.1070) |
| 农作物属性 | | | | | | |
| 果树密度 | −0.0055<br>(0.0044) | −0.0047<br>(0.0038) | −0.0040<br>(0.0045) | −0.0030<br>(0.0023) | −0.0027<br>(0.0046) | −0.0011<br>(0.0017) |
| 果树树龄 | 0.0010<br>(0.0089) | 0.0047<br>(0.0069) | 0.0014<br>(0.0090) | −0.0035<br>(0.0043) | 0.0013<br>(0.0093) | −0.0003<br>(0.0032) |
| 果树树龄平方 | 0.0006<br>(0.0009) | 0.0006<br>(0.0005) | 0.0006<br>(0.0009) | 0.0002<br>(0.0003) | 0.0005<br>(0.0009) | 0.0001<br>(0.0003) |

续表

| 变量名称 | 模型 1 | | 模型 2 | | 模型 3 | |
|---|---|---|---|---|---|---|
| | 决策选择模型 | 采用强度模型 | 决策选择模型 | 采用强度模型 | 决策选择模型 | 采用强度模型 |
| 村庄环境 | | | | | | |
| 乡镇距离 | −0.0022<br>(0.0055) | −0.0066*<br>(0.0039) | −0.0043<br>(0.0056) | −0.0057**<br>(0.0025) | −0.0053<br>(0.0058) | −0.0064***<br>(0.0019) |
| 适应性措施信息宣传 | 0.1734<br>(0.1131) | 0.2076**<br>(0.1023) | 0.1623<br>(0.1150) | 0.0580<br>(0.0616) | 0.1665<br>(0.1188) | 0.0539<br>(0.0467) |
| 常数项 | −0.7756<br>(2.3537) | −2.7870<br>(2.0462) | −0.8844<br>(2.3732) | −1.1881<br>(1.1977) | 1.0425<br>(2.2722) | 1.8137**<br>(0.8706) |
| −2Log likelihood | 936.43 | | 847.68 | | 739.09 | |
| Pseudo R² | 0.2131 | | 0.2877 | | 0.3789 | |

注: * 、 ** 、 *** 分别表示在 10% 、5% 、1% 的水平上显著。括号内数字为系数的标准误。

从回归结果来看，3 个模型的 −2Log likelihood 值呈递减趋势，而 Pseudo R² 呈递增趋势，表明 3 个模型的拟合程度在逐步提高。决策选择模型与采用强度模型中气候因素及其变化、市场价格、果树特征及其村庄环境特征的回归系数的符号及其显著性在三个逐步回归模型中基本保持一致，说明模型结果体现出较好的稳健性。

1. 气候因素及其变化对苹果开花期苹果种植户气候变化适应性行为决策的影响

从回归结果来看，第二季度平均气温变化与平均降水量变化对苹果种植户低温适应性决策选择的影响在 3 个模型中均通过 1% 的显著性水平检验，但影响方向相反；在采用强度模型中，第二季度平均降水量对苹果种植户适应性措施采用强度的影响为负，通过 1% 的显著性水平检验。第二季度气温变化越大，苹果种植户应对极端低温的积极性越高，主要是因为气温变化越剧烈，苹果开花期越容易受到低温影响，为了降低影响，苹果种植户会积极采用熏烟、防冻剂等措施应对。随着降水量增加，苹果种植户采用适应性措施的积极性与强度有所下降，主要是因为降水量的增加能够补充苹果树体水分，也可增加地面空气湿度，使气温缓慢下降，减轻低温冻害的发生，从而抑制了苹果种植户适应低温。这些结论证明气候因素及其变化是苹果种植户适应的外部驱动因素。

**2. 适应能力及其构成对苹果开花期苹果种植户气候变化适应性行为决策的影响**

从回归结果来看，适应能力对苹果种植户适应性决策选择与适应强度的回归系数分别为 0.3660、1.0154，分别通过 5%、1% 的显著性水平检验，说明苹果种植户适应能力能够促进苹果种植户适应苹果开花期气候变化。因为适应能力是苹果种植户在气候变化风险下自身资本的拥有水平，是苹果种植户适应气候变化的内生驱动力，苹果种植户的适应能力越强，苹果种植户选择苹果开花期适应的概率与强度越大。

模型 2、模型 3 显示了适应能力各个构成对花期苹果种植户气候变化适应性行为的影响。在决策选择模型中，金融资本对苹果种植户适应低温的影响为正，通过 1% 的显著性水平检验，而其他资本对苹果种植户低温适应性行为的影响不显著，说明在低温适应方面，苹果种植户家庭的金融资本具有非常重要的促进作用。具体来讲，金融资本中家庭总现金收入与借贷可得性对苹果种植户低温适应性行为的选择具有正向影响，主要是因为对于苹果开花期低温，苹果种植户采取熏烟或喷打防冻剂等方式应对，这需要投入额外的劳动成本与资金，因此，苹果种植户家庭收入越高或借贷可得性较高，能够激励苹果种植户积极应对低温。人力资本中技术培训参与次数正向影响苹果种植户适应低温，主要是因为技术培训是提高苹果种植户人力资本的重要方式，参加技术培训次数越多，对气候变化开花期低温的应对措施的认知越高，能够有效增加苹果种植户采用熏烟或喷打防冻剂的次数。社会资本中与周围人信任程度对苹果种植户低温适应性行为的采用具有促进作用，主要是因为熏烟作为应对苹果开花期低温的措施之一，具有很强的外部性，要使其能够起到作用，需要苹果种植户的集体行动，只有当较大规模的苹果种植户采用这种措施才能有效预防花期低温，这就要求苹果种植户互相信任、互相合作，因此，与周围人信任程度越高，苹果种植户采用这类措施的积极性越高。在采用强度模型中，自然资本、金融资本及社会资本的回归系数为正，通过显著性检验，其中自然资本的影响程度最高，金融资本次之，社会资本的影响程度较高，说明对于苹果开花期的低温而言，苹果种植户的自然资本禀赋是其采用应对措施的最重要驱动力。具体来讲，自然资本中人均耕地面积、人均苹果种植面积对苹果种植户低温应对措施的采用强度的影响为正，因为苹果种植户家庭苹果种植规模越大，对气候变化更为敏感，为了规避这种风险，苹果种植户更倾向于大规模采用熏烟或防冻剂预防苹果开花期低温。金融资本中家庭总现金收入对苹果种植户采用强度具有促进作用，这与谭灵芝和马长发（2014）结论一致，因为苹果种植户采用这些措施需要额外的资金投入，家庭收入水平较高的苹果种植户采用适应性措施积极性越高。社会资本中合作组织参与的回归系数为正，且通过5%的显著性水平检验，是因为合作社是苹果生产技术的传播者，能够提高种植户对熏烟、防冻剂等措施的认知水平，激发其适应苹果开花期低温的积极性。此外，人力资本中农业劳动力数量与受教育程度对苹果种植户低温适应性措施的采用强度的影响为正，主要是因为，应对花期低温需要投入额外的劳动力，家庭劳动力人数越多，能够激励苹果种植户采用熏烟或喷打防冻剂的方式应对低温；苹果种植户家庭成员受教育程度越高，对苹果开花期低温及其适应性措施的认知水平越高，更能理解采用熏烟或防冻剂的必要性与重要性，进而促进苹果种植户大规模采用，实现规模效益。

3. 其他特征变量对苹果开花期苹果种植户气候变化适应性行为决策的影响

从回归结果来看，乡镇距离对苹果种植户低温适应性措施的采用强度的影响为负，通过显著性检验，主要是因为苹果种植户与乡镇的距离越远，其获取信息的机会越少，不利于其采用适应性措施。在模型 1 中，村庄适应性措施信息宣传对苹果种植户采用强度具有正向影响，说明村庄适应性措施的宣传是苹果种植户信息收集的重要渠道，能够帮助苹果种植户提高花期低温及其适应性措施的认知水平，促进其选择采用适应性措施，这与朱红根和周曙东（2011）的结论一致。

## （三）苹果膨大期苹果种植户气候变化适应性行为决策影响结果分析

运用 Stata 14 软件对苹果膨大期苹果种植户气候变化适应性行为决策的 Double – Hurdle 模型进行估计，回归结果见表 6 – 5。

表 6 – 5　苹果膨大期苹果种植户气候变化适应性行为决策影响因素

| 变量名称 | 模型 1 | | 模型 2 | | 模型 3 | |
|---|---|---|---|---|---|---|
| | 决策选择模型 | 采用强度模型 | 决策选择模型 | 采用强度模型 | 决策选择模型 | 采用强度模型 |
| 气候变化 | | | | | | |
| 年平均气温 | 0. 1335 (0. 3266) | 0. 2897** (0. 1615) | 0. 0639 (0. 3323) | 0. 2706* (0. 1600) | 0. 0159 (0. 3559) | 0. 3224*** (0. 1306) |
| 年平均气温变化 | 5. 5339* (2. 8514) | 1. 3650 (1. 2144) | 5. 7837** (2. 8906) | 1. 2163 (1. 2617) | 6. 8529** (3. 0425) | 1. 3649 (1. 0369) |
| 年平均降水量 | 0. 2897*** (0. 091) | – 0. 0467 (0. 0395) | 0. 3086*** (0. 0932) | – 0. 0426 (0. 0414) | 0. 3529*** (0. 0998) | – 0. 0436 (0. 0339) |
| 年平均降水量变化 | – 0. 2335 (0. 1882) | 0. 1074 (0. 0855) | – 0. 2606 (0. 1912) | 0. 1053 (0. 0872) | – 0. 3289 (0. 2039) | 0. 1179* (0. 0701) |
| 适应能力 | 0. 8854*** (0. 1685) | 0. 3255*** (0. 0542) | | | | |

| 变量名称 | 模型 1 | | 模型 2 | | 模型 3 | |
|---|---|---|---|---|---|---|
| | 决策选择模型 | 采用强度模型 | 决策选择模型 | 采用强度模型 | 决策选择模型 | 采用强度模型 |
| 人力资本 | | | 1.5354*** (0.4125) | 0.1046 (0.1466) | | |
| 农业劳动力数量 | | | | | 0.3081*** (0.1055) | 0.0398 (0.0355) |
| 家庭农业劳动力受教育程度 | | | | | 0.0392 (0.1589) | −0.0178 (0.0510) |
| 家庭农业劳动能力 | | | | | 0.0016 (0.0435) | 0.0002 (0.0136) |
| 参加技术培训次数 | | | | | 0.0665* (0.0363) | 0.0041 (0.0100) |
| 自然资本 | | | 0.3024 (0.3789) | 0.2418*** (0.0911) | | |
| 人均耕地面积 | | | | | −0.0512 (0.0523) | 0.0657*** (0.0189) |
| 人均苹果种植面积 | | | | | 0.0345 (0.0622) | 0.0416* (0.0246) |
| 人均可灌溉果园面积 | | | | | 0.0364 (0.0998) | 0.0031 (0.0285) |
| 人均平地果园面积 | | | | | 0.0332 (0.0484) | −0.0087 (0.0148) |
| 金融资本 | | | 0.3929 (0.6513) | 0.4135* (0.2311) | | |
| 家庭总现金收入 | | | | | 0.0029 (0.0096) | 0.0082*** (0.0022) |
| 补贴收入 | | | | | 0.1091 (0.3409) | −0.2041 (0.1427) |
| 借贷可得性 | | | | | 0.0436 (0.1183) | 0.0449 (0.0356) |
| 物质资本 | | | 1.0307* (0.6150) | 0.4830** (0.2230) | | |
| 通信设备价值 | | | | | −0.0941 (0.1481) | −0.0289 (0.0474) |

| 变量名称 | 模型 1 | | 模型 2 | | 模型 3 | |
|---|---|---|---|---|---|---|
| | 决策选择模型 | 采用强度模型 | 决策选择模型 | 采用强度模型 | 决策选择模型 | 采用强度模型 |
| 交通工具价值 | | | | | 0.0132 | 0.0061 |
| | | | | | (0.0196) | (0.0056) |
| 生产性工具价值 | | | | | 0.6958*** | 0.1543*** |
| | | | | | (0.2341) | (0.0619) |
| 社会资本 | | | 0.9609** | 0.5256*** | | |
| | | | (0.4445) | (0.1593) | | |
| 人情成本 | | | | | -0.0013 | -0.0004 |
| | | | | | (0.0829) | (0.0222) |
| 通信费用 | | | | | 0.0001 | 0.0001** |
| | | | | | (0.0001) | (0.0000) |
| 与周围人信任程度 | | | | | 0.0089 | 0.0301 |
| | | | | | (0.0685) | (0.0214) |
| 是否担任村干部 | | | | | 0.1267 | 0.0038 |
| | | | | | (0.1503) | (0.0423) |
| 合作组织参与情况 | | | | | 0.3332** | 0.0593 |
| | | | | | (0.1407) | (0.0393) |
| 市场条件 | | | | | | |
| 市场价格 | 0.6016** | -0.1211 | 0.5314* | -0.1450 | 0.6234** | -0.0709 |
| | (0.2939) | (0.1117) | (0.2974) | (0.1115) | (0.3089) | (0.0893) |
| 农作物属性 | | | | | | |
| 果树密度 | -0.0055 | -0.0015 | -0.0065 | -0.0011 | -0.0085 | -0.0005 |
| | (0.0052) | (0.0021) | (0.0054) | (0.0023) | (0.0057) | (0.0018) |
| 果树树龄 | 0.0132 | 0.0013 | 0.0140 | 0.0009 | 0.0171* | 0.0001 |
| | (0.0097) | (0.0038) | (0.009) | (0.0039) | (0.0101) | (0.0031) |
| 果树树龄平方 | -0.0012 | -0.0006 | -0.0009 | -0.0005 | -0.0011 | -0.0005 |
| | (0.0011) | (0.0005) | (0.0011) | (0.0005) | (0.0011) | (0.0004) |
| 村庄环境 | | | | | | |
| 乡镇距离 | -0.0134** | 0.0043 | -0.0118* | 0.0031 | -0.0137** | 0.0026 |
| | (0.0060) | (0.0032) | (0.0061) | (0.0023) | (0.0063) | (0.0018) |
| 适应性措施信息宣传 | 0.2367** | 0.0412 | 0.2048* | 0.0186 | 0.2385* | 0.0533 |
| | (0.1188) | (0.0465) | (0.1213) | (0.0472) | (0.1277) | (0.0386) |

续表

| 变量名称 | 模型 1 | | 模型 2 | | 模型 3 | |
|---|---|---|---|---|---|---|
| | 决策选择模型 | 采用强度模型 | 决策选择模型 | 采用强度模型 | 决策选择模型 | 采用强度模型 |
| 常数项 | − 18.0262**<br>(7.0947) | 4.0104<br>(3.0476) | − 19.4384***<br>(7.2207) | 3.4911<br>(3.1334) | − 19.2544**<br>(7.6113) | 5.2871**<br>(2.5661) |
| − 2Log likelihood | 562.26 | | 551.92 | | 494.09 | |
| Pseudo R² | 0.2019 | | 0.2166 | | 0.2987 | |

注：＊、＊＊、＊＊＊分别表示在10%、5%、1%的水平上显著。括号内数字为系数的标准误。

从回归结果来看，3个模型的 − 2Log likelihood 值呈递减趋势，而 Pseudo R² 呈递增趋势，表明3个模型的拟合程度在逐步提高。决策选择模型与采用强度模型中气候因素及其变化、市场价格、果树特征及其村庄环境特征的回归系数的符号及其显著性在三个逐步回归模型中基本保持一致，说明模型结果体现出较好的稳健性。

1. 气候因素及其变化对苹果种植户适应性行为决策的影响

从回归结果来看，在决策选择模型中，年平均气温变化、年均降水量的影响在3个模型中均为正，且通过显著性检验；在采用强度模型中，年均气温的影响在3个模型中为正，通过显著性检验。年均气温变化正向影响苹果种植户适应性决策选择，说明随着气温距离平均水平的偏差越大，苹果种植户采用应对措施适应气候变化的积极性越高；年均降水量对苹果种植户适应性决策选择模型的影响为正，说明降水量较多的县域，苹果种植户适应气候变化的积极性越高，可能的原因是，陕西地处黄土高原优势区，是全国水资源最紧缺的省份之一，降水量的增加能够激励苹果种植户进行农业生产投资，提高苹果种植户采用措施应对气候变化的概率。年均气温对苹果种植户适应性行为的采用强度的影响为正，说明气温较高的地区苹果种植户采用措施适应气候变化的规模越大；年均降水量偏差越大的县域，苹果种植户的适应强度越大。

2. 适应能力对苹果种植户适应性行为决策的影响

从回归结果来看，适应能力对苹果种植户适应性决策选择与适应强度的回归系数分别为 0.8854、0.3255，且通过 1% 的显著性水平检验，说明苹果种植户适应能力能够促进苹果种植户在苹果膨大期适应气候变化，主要是因为适应能力是苹果种植户在气候变化背景下自身资本拥有水平，是苹果种植户适应气候变化的基础，适应能力越强，苹果种植户选择适应膨大期气候变化的概率与强度越大。

模型 2、模型 3 显示了适应能力各个构成对苹果种植户适应性行为的影响。在适应性决策选择模型中，人力资本、物质资本及社会资本的回归系数均为正，且通过显著性水平检验，其中人力资本影响程度最大，物质资本的影响程度次之，社会资本的影响程度最小，由此可见相对于其他资本而言，人力资本在苹果种植户适应性决策选择时扮演着非常重要的作用。具体来讲，人力资本中农业劳动力数量与参加技术培训次数对苹果种植户适应性决策选择的影响为正，通过显著性水平检验，主要是因为苹果生产管理需要较多的劳动投入，苹果种植户家庭农业劳动力人数越多，对果园精细化管理的积极性越高，在气候变化影响下更有可能采用适应性措施；技术培训是提高苹果种植户人力资本的重要方式，参加技术培训次数越高，对气候变化及其适应性措施的认知越高，能够有效提高苹果种植户采用适应性措施的概率。物质资本中生产性工具对苹果种植户适应性决策选择的回归系数为正，且通过 1% 显著性水平的检验，因为生产性工具越丰富，说明苹果种植户对苹果生产的投入积极性越高，应对气候变化的积极性越大，提高苹果种植户适应的概率。社会资本中合作组织参与情况对苹果种植户适应性决策选择具有正向影响，这与冯晓龙等（2016c）的结论一致，主要是因为合作社作为苹果生产技术的传播者，在一定程度上可以提高种植户对气候变化适应性措施的认知水平，激发其适应气候变化的积极性。

在采用强度模型中，自然资本、金融资本、物质资本及社会资本的回归系数为正，且通过显著性水平检验，其中社会资本影响程度最大，物质资本、金融资本的影响程度次之，自然资本的影响程度最小。具体来讲，自然资本中，人均耕地面积、人均苹果种植面积对苹果种植户适应强度的影响为正，通过显著性水平检验，因为相比于小规模种植苹果种植户，大规模种植苹果种植户进行专业化和现代化生产管理的能力和水平较高，在气候变化影响下更容易采用应对措施，形成规模经济。金融资本中家庭总现金收入对苹果种植户适应强度的回归系数为正，且通过1%的显著性水平检验，这与谭灵芝和马长发（2014）的结论一致。因为对于苹果种植户来讲，采用农业技术需更多的资金支持，家庭收入水平越高，苹果种植户进行适应性措施投资的积极性越高。物质资本中生产性工具对苹果种植户适应强度具有正向影响，是因为生产性工具帮助苹果种植户进行农业生产，生产性工具越丰富，说明苹果种植户对苹果生产的投入积极性越高，在气候变化影响下采用应对措施的积极性就越高，能够提高苹果种植户适应强度。社会资本中通信费用对苹果种植户适应强度的影响为正，因为通信费用能够反映苹果种植户社会网络的规模，费用越高其网络规模越大，苹果种植户暴露在外部信息的概率越大，越能改善其理解能力，提高苹果种植户适应性措施的采用强度。

3. 其他特征变量对苹果种植户适应性行为决策的影响

第一，农作物属性对苹果种植户适应性行为决策的影响。

从回归结果来看，果树树龄对苹果种植户适应性决策选择的影响为正，且在模型3中通过10%的显著性水平检验，说明果树树龄在一定程度上促进苹果种植户气候变化的适应性行为，这与预期不一致。可能的原因是苹果属于多年生经济作物，随着树龄的增加，产出水平增加，带来了农业经营性收益的增加，激励苹果种植户进行农业生产投资，使得苹果种植户更有可能适应气候变化以降低不利影响。

第二，市场价格对苹果种植户适应性行为决策的影响。

从回归结果来看，市场价格对苹果种植户适应性决策选择的影响在 3 个回归模型中均通过显著性水平检验，且回归系数为正，说明苹果种植户销售的苹果价格越高，其适应气候变化的概率越大，主要是因为苹果属于商品化程度较高的经济作物，苹果的价格直接决定着苹果种植户家庭收入，若苹果价格越高，苹果种植户生产投入的积极性越高，也能够积极采用应对气候变化的措施。

第三，村庄环境对苹果种植户适应性行为决策的影响。

从回归结果来看，乡镇距离、适应性措施信息宣传对苹果种植户适应性决策选择的影响均通过显著性检验，乡镇距离的回归系数为负，而信息宣传的回归系数为正，说明苹果种植户与乡镇的距离越远，其获取信息的机会越少，不利于其采用适应性措施；而村庄适应性措施的宣传有利于苹果种植户信息的收集与获取，提高其气候变化与适应性措施的认知水平，进而促进其选择采用适应性措施，这与朱红根和周曙东（2011）的结论一致。而这两个变量对苹果种植户采用强度的影响均未通过显著性水平检验，这也说明一旦苹果种植户决定采用适应性措施，采用的强度并不依赖于外部环境，而更多地受到苹果种植户个体特征的影响。

## （四）苹果生长期苹果种植户灌溉决策影响结果分析

同样利用 Stata 14 软件对苹果种植户灌溉决策的 Double – Hurdle 模型进行估计，回归结果见表 6 – 6。

表 6 - 6 苹果生长期内苹果种植户灌溉决策影响因素

| 变量名称 | 模型 1 | | 模型 2 | | 模型 3 | |
|---|---|---|---|---|---|---|
| | 决策选择模型 | 采用强度模型 | 决策选择模型 | 采用强度模型 | 决策选择模型 | 采用强度模型 |
| 气候变化 | | | | | | |
| 年平均气温 | 1.1944** (0.5245) | -0.0895 (0.3548) | 1.1169** (0.5423) | -0.3107 (0.3192) | 1.0835* (0.5686) | 0.1328 (0.2342) |
| 年平均气温变化 | 16.7945*** (4.6074) | -6.0080 (2.3785) | 15.3278*** (4.7668) | -7.3396 (3.1268) | 14.5145*** (4.9747) | 2.2551 (2.0566) |
| 年平均降水量 | 0.7166*** (0.1457) | -0.1685*** (0.0635) | 0.6782*** (0.1513) | -0.1969*** (0.0581) | 0.6279*** (0.1585) | -0.1260* (0.0647) |
| 年平均降水量变化 | -1.6667*** (0.2981) | 0.2309 (0.1514) | -1.1411*** (0.3074) | 0.3523 (0.2394) | -0.9632*** (0.3205) | -0.1862 (0.1320) |
| 适应能力 | 1.1226*** (0.2255) | 0.2025** (0.0977) | | | | |
| 人力资本 | | | 1.7681*** (0.6161) | 0.2373 (0.2031) | | |
| 农业劳动力数量 | | | | | 0.1427 (0.1507) | 0.0368 (0.0599) |
| 家庭农业劳动力受教育程度 | | | | | 0.5661** (0.2248) | 0.1005 (0.0879) |
| 家庭农业劳动力 | | | | | -0.0692 (0.0620) | 0.0052 (0.0252) |
| 参加技术培训次数 | | | | | 0.0582 (0.0512) | 0.0185 (0.0197) |
| 自然资本 | | | 1.8952*** (0.3833) | 0.7415*** (0.1796) | | |
| 人均耕地面积 | | | | | 0.1217* (0.0691) | -0.0368 (0.0379) |
| 人均苹果种植面积 | | | | | -0.0988 (0.1006) | -0.0089 (0.0461) |
| 人均可灌溉果园面积 | | | | | | 0.5704*** (0.0577) |
| 人均平地果园面积 | | | | | -0.0143 (0.0814) | 0.1433*** (0.0457) |
| 金融资本 | | | 0.2407 (0.8481) | 0.1983 (0.2691) | | |

| 变量名称 | 模型 1 | | 模型 2 | | 模型 3 | |
|---|---|---|---|---|---|---|
| | 决策选择模型 | 采用强度模型 | 决策选择模型 | 采用强度模型 | 决策选择模型 | 采用强度模型 |
| 家庭总现金收入 | | | | | 0.0124<br>(0.0131) | 0.0032<br>(0.0054) |
| 补贴收入 | | | | | −0.0191<br>(0.4018) | −0.0305<br>(0.1938) |
| 借贷可得性 | | | | | 0.0749<br>(0.1689) | −0.0267<br>(0.0676) |
| 物质资本 | | | 0.0039<br>(1.0288) | 0.6107*<br>(0.3359) | | |
| 通信设备价值 | | | | | 0.0966<br>(0.1871) | −0.0302<br>(0.1076) |
| 交通工具价值 | | | | | −0.0079<br>(0.0317) | 0.0085<br>(0.0127) |
| 生产性工具价值 | | | | | 0.1891<br>(0.3917) | 0.0595<br>(0.1467) |
| 社会资本 | | | 0.3647<br>(0.6699) | −0.6242***<br>(0.2391) | | |
| 人情成本 | | | | | 0.0903<br>(0.1044) | 0.0092<br>(0.0461) |
| 通信费用 | | | | | −0.0001<br>(0.0002) | −0.0000<br>(0.0001) |
| 与周围人信任程度 | | | | | −0.0463<br>(0.0967) | 0.0047<br>(0.0368) |
| 是否担任村干部 | | | | | −0.1378<br>(0.2232) | −0.0225<br>(0.0928) |
| 合作组织参与情况 | | | | | 0.0793<br>(0.2145) | 0.1043<br>(0.0849) |
| 市场条件 | | | | | | |
| 市场价格 | 0.0908<br>(0.4329) | 0.2821**<br>(0.1425) | 0.2358<br>(0.4432) | 0.2340*<br>(0.1309) | 0.1434<br>(0.4479) | 0.0470<br>(0.1786) |
| 农作物属性 | | | | | | |
| 果树密度 | 0.0145**<br>(0.0065) | 0.0003<br>(0.0018) | 0.0122*<br>(0.0066) | −0.0007<br>(0.0016) | 0.0108*<br>(0.0062) | 0.0019<br>(0.0026) |

续表

| 变量名称 | 模型 1 | | 模型 2 | | 模型 3 | |
|---|---|---|---|---|---|---|
| | 决策选择模型 | 采用强度模型 | 决策选择模型 | 采用强度模型 | 决策选择模型 | 采用强度模型 |
| 果树树龄 | − 0.0251*<br>(0.0138) | 0.0067<br>(0.0054) | − 0.0266*<br>(0.0141) | 0.0022<br>(0.0049) | − 0.0157<br>(0.0138) | 0.0023<br>(0.0058) |
| 果树树龄平方 | − 0.0000<br>(0.0012) | 0.0006<br>(0.0006) | − 0.0005<br>(0.0013) | 0.0005<br>(0.0005) | 0.0005<br>(0.0011) | 0.0001<br>(0.0005) |
| 村庄环境 | | | | | | |
| 乡镇距离 | − 0.0176<br>(0.0111) | 0.0026<br>(0.0058) | − 0.0138<br>(0.0115) | − 0.0034<br>(0.0053) | − 0.0156<br>(0.0117) | − 0.0033<br>(0.0048) |
| 灌溉可得性 | 1.3081***<br>(0.2136) | − 0.0358<br>(0.1167) | 1.3085***<br>(0.2170) | − 0.2561**<br>(0.1143) | 1.2492***<br>(0.2198) | 0.1129<br>(0.1023) |
| 常数项 | − 55.0139***<br>(11.6847) | 9.0550<br>(6.1076) | − 51.2459***<br>(12.1876) | 12.9797**<br>(5.6171) | − 44.5538***<br>(12.5363) | 8.3165<br>(5.1510) |
| − 2Log likelihood | 274.6032 | | 246.1404 | | 203.9328 | |
| Pseudo R² | 0.4416 | | 0.4995 | | 0.6206 | |

注：*、**、*** 分别表示在 10%、5%、1% 的水平上显著。括号内数字为系数的标准误。

从回归结果来看，3 个模型的 − 2Log likelihood 值呈递减趋势，而 Pseudo R² 呈递增趋势，表明 3 个模型的拟合程度在逐步提高。在这 3 个模型中，气候因素及其变化、市场价格、农作物属性及其村庄环境特征的回归系数的符号及其显著性基本保持一致，说明模型结果体现出较好的稳健性。

1. 气候因素及变化对苹果种植户灌溉决策影响结果

在苹果种植户灌溉决策选择模型中，年均气温、年均降水量及其变化的影响均通过显著性水平检验，其中年均气温及其变化、年均降水量的影响为正，而年均降水量变化的影响为负，说明气候因素及其变化是苹果种植户灌溉决策决策的重要影响因素；在采用强度模型中，年均降水量的影响为负，通过显著性水平检验。主要是因为，气温上升越快，对苹果生产的水分要求越高，迫使种植户积极灌溉；由于当前陕西的苹果种植过程中的灌溉用水来源主要依靠地表水，因此，降水量较为丰富的地区，农业灌溉的条件较好，激励苹果种植户进行灌溉，而当降水量增加到一定程度时，自然降水能够满足苹果树水分需求，抑制了苹果种植户进行灌溉的需要。

**2. 适应能力对苹果种植户灌溉决策影响结果**

适应能力对种植户灌溉决策选择与采用强度的影响方向均为正，通过显著性水平检验，且对灌溉决策的影响程度大于采用强度（1.1226 > 0.2025），说明苹果种植户适应能力能够激励其进行灌溉投资。这是因为适应能力是苹果种植户在气候变化背景下自身资本拥有水平，是苹果种植户适应气候变化的基础，适应能力越强，苹果种植户选择适应的概率与强度越大。

在适应能力各个构成资本中，人力资本、自然资本对苹果种植户灌溉决策选择产生显著正向影响；自然资本、物质资本对苹果种植户灌溉强度有正向影响，而社会资本的影响为负。这充分说明苹果种植户适应能力各个构成在不同程度上影响种植户的灌溉决策。具体来讲，在苹果种植户灌溉决策方程中，人力资本中受教育程度正向影响种植户灌溉决策选择，说明受教育程度较高的种植户家庭，更容易获取和理解气候变化及其影响的知识和信息，能够积极采取措施应对不利影响。自然资本中人均耕地面积对种植户灌溉决策选择的影响为正，因为土地禀赋较为丰富的家庭，从事农业生产的机会更多，农业生产收入占家庭总收入的比例也会较高，使这些苹果种植户家庭更容易受到气候变化影响，为了降低这种影响，苹果种植户会积极采取灌溉等措施稳定苹果产出水平。在灌溉强度方程中，自然资本中土地质量对灌溉强度的影响为正，说明果园越平坦的种植户采用灌溉的积极性越高。这是因为，土地质量越高，苹果种植户进行农业生产投资越方便，能够激励苹果种植户为果园灌溉，保证在外部气候条件变化情况下苹果产出与苹果品质的稳定。

**3. 其他特征变量对苹果种植户灌溉决策影响结果**

第一，市场价格对苹果种植户灌溉决策的影响。

农产品市场价格对种植户灌溉强度有正向影响，即苹果价格越高种植户灌溉积极性越高，因为苹果的价格直接决定着苹果种植户家庭收入，当苹果价格比较高时，苹果种植户为了追求家庭利润最大化，进行生产投入的积极性变高，能够自发地采用灌溉措施降低气候变化带来的不利影响。

第二，农作物属性对苹果种植户灌溉决策的影响。

果树密度对种植户灌溉决策的影响为正，而果树树龄对种植户灌溉决策的影响为负，说明果树密度越大，苹果种植户灌溉率越高，而果树树龄越大，苹果种植户灌溉率越低。这主要是因为单元土地苹果树个数越多，产出水平越高，遭受气候变化的影响更为明显，使苹果种植户能够积极灌溉应对；而苹果树随着种植年份的增加，其对极端天气的承受程度也会增加，苹果种植户为了减少农业投资成本，会放弃诸如灌溉等方面生产性投资。

第三，村庄环境对苹果种植户灌溉决策的影响。

灌溉可得性对种植户灌溉决策的影响显著为正，且影响程度均大于其他因素的影响程度，说明苹果种植户的灌溉决策很大程度上受到村庄灌溉基础设施的影响，这是因为村庄的灌溉基础设施能够有效激励种植户在气候变化的影响下积极进行农业灌溉，满足苹果种植的水分要求，保证苹果产出与苹果品质，实现家庭收益最大化。

# 四　本章小结

本章以农户行为经济学理论与气候变化适应性理论为支撑，构建苹果种植户气候变化适应性行为两阶段决策理论模型，利用陕西苹果种植户微观调查数据，运用 Double‒Hurdle 模型实证分

析影响苹果种植户不同苹果生长阶段的不同适应性行为决策选择
与采用强度的因素。

（1）对于苹果开花期气候变化特征，61.89%的苹果种植户
采用熏烟、防冻剂等措施应对气候变化，户均采用强度为 8.37
亩；对于苹果膨大期气候变化特征，仅有 27.90%的种植户采用
果园覆盖措施适应气候变化，户均采用强度为 5.41 亩；对于苹
果整个生长过程中气候变化特征，灌溉苹果种植户仅占到总样本
的 12.97%，户均灌溉面积 7.89 亩。说明苹果种植户气候变化适
应性行为选择比例整体较低，而苹果开花期苹果种植户适应比
例、适应强度均高于其他生长阶段。

（2）气候因素及其变化对苹果种植户不同气候变化适应性行
为决策的影响存在显著差异。气温、降水量变化是影响苹果开花
期苹果种植户适应性措施采用的关键因素，而气温变化与降水量
是影响苹果膨大期苹果种植户适应气候变化的主要因素；降水量
是影响苹果开花期苹果种植户适应强度的主要因素，而气温是影
响苹果膨大期苹果种植户适应强度的主要因素；气温及其变化、
降水量对苹果种植户灌溉决策选择的影响为正，而降水量变化的
影响为负，降水量对苹果种植户灌溉强度的影响为负。

（3）适应能力是影响苹果种植户不同适应性行为决策的重要
因素。在苹果开花期，金融资本对苹果种植户适应性决策选择有
显著的促进作用，其中家庭总现金收入、借贷可得性显著正向影
响苹果种植户适应性决策选择；自然资本、金融资本及社会资本
对苹果开花期苹果种植户适应强度有积极作用，其中人均耕地面
积、人均苹果种植面积、总现金收入及合作组织参与对苹果种植
户适应强度有正向影响。在苹果膨大期，人力资本、物质资本及
社会资本对苹果种植户适应性决策选择有显著的诱导作用，其中
农业劳动力数量、参加技术培训次数、生产性工具及合作组织参
与情况是促进苹果种植户适应性决策选择的主要特征；自然资

本、金融资本、物质资本及社会资本对苹果种植户适应强度有积极影响，其中人均耕地面积、人均苹果种植面积、家庭总现金收入、生产性工具及通信费用对苹果种植户适应强度具有正向影响。在苹果生产过程中，人力资本、自然资本对苹果种植户灌溉决策选择产生显著正向影响，其中受教育程度、人均耕地面积对苹果种植户灌溉决策选择影响为正；自然资本、物质资本对苹果种植户灌溉强度有正向影响，而社会资本的影响为负，其中耕地质量对苹果种植户灌溉强度的影响为正。

（4）其他控制变量对苹果种植户不同气候变化适应性行为决策的影响差异显著。乡镇距离负向影响苹果开花期苹果种植户适应强度与苹果膨大期苹果种植户适应性决策选择；果树树龄、市场价格及村庄信息宣传仅正向影响苹果膨大期苹果种植户气候变化适应性决策选择；果树密度与灌溉可得性对苹果种植户灌溉决策选择的影响为正，而果树树龄的影响为负，农产品市场价格正向影响苹果种植户灌溉强度。

上述研究结论表明，苹果种植户气候变化适应性行为决策不仅受到适应能力、气候变化的影响，还受到农产品市场条件、村庄环境及农作物属性的影响。因此，在村庄层面，应当加强农村公共品建设，丰富苹果种植户信息获取渠道。应当加强与气候变化、适应性措施相关公共品建设，如农村广播、农村电视等，并通过宣传栏、村级广播等途径向苹果种植户宣传气候变化及其适应性措施的重要性与迫切性，同时加大新型适应性措施的推广力度，降低苹果种植户信息搜寻成本，提高苹果种植户对适应性措施的认知水平，以此实现苹果种植户从被动适应到主动适应气候变化的转变。在农户层面，一方面，应当加大技术培训力度，提高苹果种植户人力资本水平。大力提倡合作社组织技术培训、讲座等教育方式，拓展苹果种植户接受新型适应性措施的渠道和内容，充分发挥教育的基础作用，提高苹果种植户的整体人力资本水平，促进苹果种植户积极适应气候变化。另一方面，应当加大农用机械的补贴力度，丰富苹果种植户物质资本，同时鼓励苹果种植户积极购买生产性机械，提高苹果种植户的物质资本水平，使苹果种植户适应能力得到提升，促进苹果种植户适应气候变化。此外，积极引导农业合作社发展，强化其功能性服务。农民专业合作社作为为满足社员共同需求服务的自助型经济组织，能够为苹果种植户提供气候变化与适应性措施信息或技术服务，提高苹果种植户的认知水平，促进苹果种植户积极适应气候变化。

# 第七章 ◀
# 苹果种植户气候变化适应性
# 行为选择有效性分析

苹果种植户为实现气候变化背景下期望效用最大化目标，在内、外生条件下选择适应性行为。而苹果种植户适应性行为选择有效性是其改变生产行为决策最终结果的体现，是促进适应性措施进一步推广的科学依据。本章在借鉴已有关于适应性行为选择对农业产出影响的理论与方法的基础上，基于陕西苹果种植户微观调查数据，首先运用矩估计方法估计苹果种植户苹果产出风险，其次运用内生转换模型评估不同苹果生长阶段苹果种植户不同适应性行为选择对苹果产出与产出风险的影响效应，并比较分析不同适应性行为选择成本收益，以此验证苹果种植户气候变化适应性行为选择具有有效性的理论假设。

## 一　苹果种植户适应性行为选择有效性
## 理论分析及模型设计

苹果种植户适应气候变化不仅是为了增加农业产出，更重要的是为了降低气候变化带来的农业产出风险。因此，为了研究苹果种植户气候变化适应性行为选择对其苹果生产的影响机制，需要从苹果种植户苹果产出及其产出风险两个方面进行分析。本书首先利用矩估计方法估算苹果种植户的农业产出风险，其次利用内生转换模型构建苹果种植户气候变化适应性决策对其农业产出及产出风险影响的计量模型，评估苹果种植户适应性决策对农业产出及其产出风险的平均处理效应，在此基础上，利用成本收益法分析不同适应性行为选择的有效性。

### 1. 苹果产出风险计量设定

本书采用矩估计方法估计农业的产出风险，即将农户农业产出的一阶矩、二阶矩分别表示为农户农业的期望产出、产出风险（方差）（Antle，1983；Falco and Chavas，2009；Huang et al.，2014）。产出风险即产出方差，表示农户农业产出的风险水平，数值越大说明产出的风险水平越高，反之亦然（Falco and Chavas，2009；Huang et al.，2014）。不确定条件下苹果种植户的苹果生产函数可表示为：

$$y = f(A, X, Z, \theta) + u \qquad\qquad (7-1)$$

其中 $y$ 表示苹果种植户苹果产出水平[①]；$A$ 表示苹果种植户采用适应性行为决策结果，$A = 1$ 表示苹果种植户采用适应性行为，否则，苹果种植户未采用适应性行为；$X$ 表示影响苹果种植户农业产出的投入要素向量，包括劳动力、化肥、农药等；$Z$ 表示影响苹果种植户农业产出的家庭社会经济特征向量，包括户主个体特征（性别、年龄、文化水平）、家庭特征（人均果园规模、组织参与情况）、生产特征（是否平地、种植密度、果树树龄）及气候因素（气温、降水量）等；$\theta$ 为待估计参数向量；$u$ 表示随机误差项，且满足 $E(u) = 0$。

在公式（7-1）估计之后，计算得到 $u = y - f(A, X, Z, \theta)$，则苹果种植户产出的一阶矩，即期望产出定义为 $E(y) = f(A, X, Z, \theta)$，产出的方差为 $u = E[(u)^2] = f_2(A, X, Z, \theta_1)$。在此基础上，以苹果种植户苹果产出与产出方差作为因变量，分

---

① 本书中所关注的产出均指农户的亩均农业产出。

析苹果种植户适应性行为选择对其影响机制，并评估适应性决策对期望产出与期望产出风险的平均处理效应。

**2. 苹果种植户适应性决策对苹果产出影响模型设定**

假设苹果种植户在气候变化的背景下进行适应性决策以实现效用最大化。苹果种植户 $i$ 采用气候变化适应性行为的潜在净收益为 $A_{ia}^*$，而未采用适应性行为的潜在净收益为 $A_{in}^*$，则苹果种植户 $i$ 采用气候变化适应性行为的条件为，当且仅当苹果种植户 $i$ 采用气候变化适应性行为的效用大于未采用适应性行为的效用，即 $A_i^* = A_{ia}^* - A_{in}^* > 0$。但 $A_i^*$ 不能直接被观测，但它可被表示为可观测外生变量的线性函数，即，

$$A_i^* = \mathbf{Z}_i \boldsymbol{\alpha} + \mu_i$$

$$A_i = \begin{cases} 1, A_i^* > 0 \\ 0, A_i^* \leq 0 \end{cases} \qquad (7-2)$$

其中 $A_i^*$ 表示苹果种植户采用适应性行为决策的不可观测的潜变量；$A_i$ 表示苹果种植户采用适应性行为的决策结果，$A_i = 1$ 表示苹果种植户采用适应性行为，否则，苹果种植户未采用适应性行为；$\mathbf{Z}_i$ 表示影响苹果种植户采用适应性行为的外生因素向量；$\boldsymbol{\alpha}$ 为待估计参数向量；$\mu_i$ 为随机误差项。

由公式（7-2）可知，苹果种植户气候变化适应性决策变量是其基于自身内在特征的选择行为，是内生变量。如果选择最小二乘法估计苹果种植户气候变化适应性决策对农业产出的影响是有偏的。此外，不可观测因素可能同时影响公式（7-2）与公式（7-3）的随机误差项，导致误差项之间存在相关性，如果忽略选择性偏差将导致估计结果的不一致。在使用调查数据的研究中，倾向得分匹配法可用于解决选择性偏差问题，然而使用倾向得分匹配法只能解释可观测因素的异质性（Ma and Abdulai，2016）。因此，本书利用内生转换模型（Endogenous Switching Regression)，分析由于可观测和不可观测的异质性带来的样本选择偏差问题（Akpalu and Normanyo, 2014；Falco et al., 2011；Lokshin and Sajaia, 2004；Ma and Abdulai, 2016；Shiferaw et al., 2014）。

本书采用内生转换模型实证分析苹果种植户气候变化适应性行为对其农业产出、产出方差的影响。这种方法根据苹果种植户是否采用适应性措施，把苹果种植户划分为两种类型（适应苹果种植户和未适应苹果种植户），并将苹果种植户适应性决策方程与两类苹果种植户的产出方程（未适应苹果种植户产出方程、适应苹果种植户产出方程）联立，并采用完全信息极大似然法（FIML）估计得到参数估计值（Lokshin and Sajaia, 2004；Ma and Abdulai, 2016）。

同时为了保证模型可识别性，将与气候变化相关的苹果种植户外部信息来源作为选择工具变量纳入苹果种植户适应性决策模型，包括村庄是否有气候信息宣传、是否有适应性措施宣传等（Falco et al., 2011）。选择这类工具变量的原因是，信息来源仅影响苹果种植户适应性行为采用而不影响苹果种植户最终产出。苹果种植户采用适应性行为的不可观测潜变量 $A_i^*$ 可表示为：

$$A_i^* = Z_i \alpha + I_i \kappa + \mu_i \qquad (7-3)$$

其中 $I_i$ 表示苹果种植户采用适应性行为工具变量构成的向量；$\kappa$ 待估计参数向量；其余参数解释同公式（7-2）。

在全部样本苹果种植户中包括两类苹果种植户，一是采用气候变化适应性行为的苹果种植户（适应苹果种植户），二是未采用适应性行为的苹果种植户（未适应苹果种植户）：

$$\text{适应苹果种植户}: Y_{ia} = X_{ia} \beta_a + \varepsilon_{ai} \quad \text{如果 } A_i = 1 \qquad (7-4-a)$$
$$\text{未适应苹果种植户}: Y_{in} = X_{in} \beta_n + \varepsilon_{ni} \quad \text{如果 } A_i = 0 \qquad (7-4-b)$$

其中 $Y_{ia}$、$Y_{in}$ 分别表示适应苹果种植户与未适应苹果种植户的产出变量，包括农业产出与产出方差；$X_{ia}$、$X_{in}$分别表示影响两类苹果种植户产出的外生因素向量；$\varepsilon_{ai}$、$\varepsilon_{ni}$表示随机扰动项。由于回归分析时遗漏变量会导致决策方程和农业产出模型存在相关性，为了解决由不可观测因素带来的样本选择偏差，在估计苹果种植户适应性决策模型之后，将逆米尔斯比率$\lambda_{ia}$、$\lambda_{in}$及其协方差$\sigma_{\mu a} = \mathrm{cov}\ (\boldsymbol{\mu}_i,\ \varepsilon_{ia})$、$\sigma_{\mu n} = \mathrm{cov}\ (\boldsymbol{\mu}_i,\ \varepsilon_{in})$带入上述方程得到：

$$\text{适应苹果种植户}: Y_{ia} = X_{ia}\boldsymbol{\beta}_a + \sigma_{\mu a}\lambda_{ia} + \eta_{ai} \quad \text{如果}\ A_i = 1$$

$$(7-5-\text{a})$$

$$\text{未适应苹果种植户}: Y_{in} = X_{in}\boldsymbol{\beta}_n + \sigma_{\mu n}\lambda_{in} + \eta_{ni} \quad \text{如果}\ A_i = 0$$

$$(7-5-\text{b})$$

其中$\eta_{ai}$、$\eta_{ni}$表示随机误差项。

### 3. 处理效应估计

内生转换模型能够通过比较真实情景与反事实假设情景下适应苹果种植户与未适应苹果种植户的产出的期望值，以此估计适应性决策的平均处理效应。

实际采用适应性行为苹果种植户的产出期望值（处理组）：

$$E[Y_{ia}\,|\,A_i = 1] = X_{ia}\boldsymbol{\beta}_a + \sigma_{\mu a}\lambda_{ia} \tag{7-6}$$

实际采用适应性行为苹果种植户的反事实假设：

$$E[Y_{in}\,|\,A_i = 1] = X_{ia}\boldsymbol{\beta}_n + \sigma_{\mu n}\lambda_{ia} \tag{7-7}$$

通过公式（7-6）与公式（7-7），得到采用适应性行为苹果种植户产出的处理效应为：

$$ATT = E[Y_{ia}\,|\,A_i = 1] - E[Y_{in}\,|\,A_i = 1]$$
$$= X_{ia}(\beta_a - \beta_n) + (\sigma_{\mu a} - \sigma_{\mu n})\lambda_{ia} \tag{7-8}$$

公式（7-8）是评估苹果种植户适应性决策对其农业产出与产出风险的平均处理效应的理论基础，也是苹果种植户适应性决策对产出及其产出风险的影响程度。在此基础上，采用成本－收益法评估苹果种植户气候变化适应性行为选择的有效性。

## 二 变量选择与描述性统计分析

在借鉴 Deressa 等（2009）、Falco 等（2011）、Huang 等（2014）、冯晓龙等（2015，2016a）、吕亚荣和陈淑芬（2010）成果的基础上，本书选取生产投入要素、户主个体特征、家庭特征、生产特征、气候因素及工具变量 6 个方面、15 个变量进行分析，变量的具体定义如表 7－1 所示。需要说明的是，在本章实证分析时并未考虑如上一章所述的苹果种植户内、外生约束条件下适应性行为选择，而是在保证模型可识别前提条件下，结合已有研究结论，选择合适的种植户自身及外部环境特征变量进入回归方程。

### （一）苹果开花期苹果种植户气候变化适应性决策与变量描述性分析

由于苹果种植户气候变化适应性行为的季节性特征明显，为了有效评估各类适应性措施的效果，本书根据苹果种植户采用不同适应性措施对其分类。苹果开花期容易受到低温的影响，苹果种植户采用熏烟、防冻剂适应该阶段的气候变化，适应苹果种植户与未适应苹果种植户各个变量差异性描述见表 7－1。苹果膨大期、成熟期容易受到高温、降水量减少的影响，苹果种植户采用人工种草、覆膜等措施应对，适应苹果种植户与未适应苹果种植户的变量描述性结果见表 7－2。灌溉是苹果种植户在整个苹果生长期内应对气候变化的重要手段，需要单独评估其有效性，描述性分析结果见表 7－3。

表 7 - 1　苹果开花期适应种植户与未适应种植户特征差异分析

| 变量名 | 含义 | 适应苹果种植户 | | 未适应苹果种植户 | | 差异 |
|---|---|---|---|---|---|---|
| | | 均值 | 标准差 | 均值 | 标准差 | |
| 因变量 | | | | | | |
| 适应性决策 | 苹果种植户是否采用应对花期低温措施：1＝是；0＝否 | 1.00 | — | 0.00 | — | — |
| 苹果产出 | 苹果种植户的每亩苹果产出（公斤/亩） | 1407.727 | 1025.986 | 1179.726 | 571.2188 | 228.001*** |
| 产出方差 | 苹果种植户的苹果产出风险 | 0.2723 | 0.1595 | 0.3502 | 0.1684 | － 0.0779*** |
| 解释变量 | | | | | | |
| 要素投入 | | | | | | |
| 劳动 | 亩均劳动投入（天/亩） | 32.0630 | 63.0982 | 28.2106 | 19.6309 | 3.8524 |
| 化肥 | 亩均化肥投入（元/亩） | 1794.929 | 988.5721 | 1597.833 | 883.1084 | 197.096** |
| 农药 | 亩均农药投入（元/亩） | 277.0503 | 175.7375 | 276.2173 | 252.946 | 0.833 |
| 户主个体特征 | | | | | | |
| 性别 | 户主性别：1＝男；0＝女 | 0.9834 | 0.1278 | 0.9674 | 0.1779 | 0.016 |
| 年龄 | 户主实际年龄（岁） | 50.6547 | 8.6629 | 50.9395 | 8.8117 | － 0.2848 |
| 受教育年限 | 户主上学年限（年） | 7.9088 | 3.0589 | 7.5488 | 3.2289 | 0.36 |
| 家庭特征 | | | | | | |
| 参与合作组织 | 家庭是否加入合作组织：1＝是；0＝否 | 0.3425 | 0.4752 | 0.3163 | 0.4661 | 0.0262 |
| 人均果园面积 | 家庭人均苹果园面积（亩/人） | 2.4748 | 2.8502 | 2.2425 | 1.7476 | 0.2323 |

续表

| 变量名 | 含义 | 适应苹果种植户 | | 未适应苹果种植户 | | 差异 |
|---|---|---|---|---|---|---|
| | | 均值 | 标准差 | 均值 | 标准差 | |
| 生产特征 | | | | | | |
| 果园是否为平地 | 苹果园是否为平地: 1 = 是; 0 = 否 | 0.9309 | 0.2539 | 0.9302 | 0.2553 | 0.0007 |
| 果树树龄 | 苹果树树龄 (年) | 16.6685 | 6.2431 | 16.4884 | 6.0170 | 0.1801 |
| 栽培密度 | 苹果树栽培密度 (株/亩) | 47.9419 | 13.3638 | 47.7256 | 13.1375 | 0.2163 |
| 气候因素 | | | | | | |
| 气温 | 年平均气温 (℃) | 10.2038 | 0.3794 | 10.2513 | 0.3788 | − 0.0475 |
| 降水量 | 年平均降水量 (mm) | 47.1037 | 2.2376 | 46.7503 | 2.2754 | 0.3534** |
| 信息来源 | | | | | | |
| 气象信息服务 | 村庄是否提供气候信息服务: 1 = 是; 0 = 否 | 0.6077 | 0.4889 | 0.5419 | 0.4992 | 0.0658* |
| 适应性措施信息服务 | 村庄是否提供气候变化适应性措施信息服务: 1 = 是; 0 = 否 | 0.8343 | 0.3724 | 0.7814 | 0.4143 | 0.0529* |
| 样本量 | | 362 | | 215 | | |

注: *、**、*** 分别表示在10%、5%、1%的水平上显著。

表7-2 苹果膨大期适应种植户与未适应种植户特征差异分析

| 变量名 | 适应苹果种植户 | | 未适应苹果种植户 | | 差异 |
|---|---|---|---|---|---|
| | 均值 | 标准差 | 均值 | 标准差 | |
| 因变量 | | | | | |
| 适应性决策 | 1.00 | — | 0.00 | — | — |
| 苹果产出 | 1417.861 | 1178.903 | 1283.954 | 750.9856 | 133.907* |

| 变量名 | 适应苹果种植户 | | 未适应苹果种植户 | | 差异 |
| --- | --- | --- | --- | --- | --- |
| | 均值 | 标准差 | 均值 | 标准差 | |
| 产出方差 | 0.2715 | 0.1589 | 0.3124 | 0.1721 | −0.0409*** |
| 解释变量 | | | | | |
| 要素投入 | | | | | |
| 劳动 | 32.0613 | 83.3099 | 30.0485 | 30.2865 | 2.0128 |
| 化肥 | 1656.91 | 791.771 | 1747.57 | 1012.748 | −90.66 |
| 农药 | 261.869 | 143.3915 | 282.7461 | 228.4468 | −20.8771 |
| 户主个体特征 | | | | | |
| 性别 | 0.9759 | 0.1538 | 0.9781 | 0.1465 | −0.0022 |
| 年龄 | 49.7892 | 8.6633 | 51.1533 | 8.7115 | −1.3641** |
| 受教育年限 | 7.9398 | 3.0762 | 7.7080 | 3.1464 | 0.2318 |
| 家庭特征 | | | | | |
| 参与合作组织 | 0.3855 | 0.4882 | 0.3114 | 0.4636 | 0.0741** |
| 人均果园面积 | 2.5559 | 3.2702 | 2.3205 | 2.1083 | 0.2354 |
| 生产特征 | | | | | |
| 果园是否为平地 | 0.9217 | 0.2695 | 0.9343 | 0.2480 | −0.0126 |
| 果树树龄 | 16.0783 | 5.8132 | 16.8127 | 6.2825 | −0.7344 |
| 栽培密度 | 47.2108 | 14.1279 | 48.1241 | 12.9144 | −0.9133 |
| 气候因素 | | | | | |
| 气温 | 10.1846 | 0.3864 | 10.2364 | 0.3762 | −0.0518* |
| 降水量 | 46.9933 | 2.1603 | 46.9635 | 2.2964 | 0.0298 |
| 信息来源 | | | | | |
| 气象信息服务 | 0.5912 | 0.4922 | 0.5662 | 0.4971 | 0.025 |
| 适应性措施信息服务 | 0.8313 | 0.3756 | 0.8077 | 0.3945 | 0.0236 |
| 样本量 | 166 | | 411 | | |

注：*、**、***分别表示在10%、5%、1%的水平上显著。

表7-3　苹果生长期内灌溉种植户与未灌溉种植户特征差异分析

| 变量名 | 适应苹果种植户 | | 未适应苹果种植户 | | 差异 |
|---|---|---|---|---|---|
| | 均值 | 标准差 | 均值 | 标准差 | |
| 因变量 | | | | | |
| 　适应性决策 | 1.00 | — | 0.00 | — | — |
| 　苹果产出 | 1629.578 | 862.845 | 1437.751 | 1103.053 | 191.827*** |
| 　产出方差 | 0.1977 | 0.1413 | 0.3042 | 0.1602 | -0.1065*** |
| 解释变量 | | | | | |
| 要素投入 | | | | | |
| 　劳动 | 27.3776 | 14.3766 | 30.6276 | 51.3997 | -3.25 |
| 　化肥 | 1561.278 | 770.1287 | 1721.488 | 954.6401 | -160.21 |
| 　农药 | 279.0507 | 153.4969 | 276.7399 | 207.6705 | 2.3108 |
| 户主个体特征 | | | | | |
| 　性别 | 0.9884 | 0.1078 | 0.9775 | 0.1485 | 0.0109 |
| 　年龄 | 51.6977 | 9.4658 | 50.7608 | 8.7121 | 0.9369 |
| 　受教育年限 | 8.9244 | 2.1496 | 7.7747 | 3.1255 | 1.1497*** |
| 家庭特征 | | | | | |
| 　参与合作组织 | 0.3605 | 0.4829 | 0.3328 | 0.4716 | 0.0277 |
| 　人均果园面积 | 1.9231 | 1.0683 | 2.3882 | 2.4977 | -0.4651** |
| 生产特征 | | | | | |
| 　果园是否为平地 | 0.9302 | 0.2562 | 0.9307 | 0.2542 | -0.0005 |
| 　果树树龄 | 18.5116 | 6.4238 | 16.6014 | 6.1552 | 1.9102*** |
| 　栽培密度 | 54.0349 | 15.3871 | 47.8614 | 13.2689 | 6.1735*** |
| 气候因素 | | | | | |
| 　气温 | 10.3619 | 0.2832 | 10.2215 | 0.3795 | 0.1404*** |
| 　降水量 | 50.0566 | 2.5371 | 46.9720 | 2.2563 | 3.0846*** |
| 工具变量 | | | | | |
| 　气象信息服务 | 0.5841 | 0.4933 | 0.4186 | 0.4962 | 0.1655*** |
| 　灌溉可得性 | 0.6860 | 0.4668 | 0.0988 | 0.2986 | 0.5872*** |
| 样本量 | 86 | | 577 | | |

注：*、**、*** 分别表示在10%、5%、1%的水平上显著。

从表 7 - 1 可以看出，采用适应苹果开花期低温措施苹果种植户的亩均产出 1407.7 公斤，高于未适应苹果种植户的亩均产出（1179.7 公斤），而适应苹果种植户的产出方差为 0.2723，显著低于未适应苹果种植户的产出方差（0.3502），说明在苹果开花期气候变化背景下苹果种植户采用适应性措施能够增加其亩均产出，同时能降低产出风险。在要素投入方面，适应苹果种植户的亩均化肥投入 1794.9 元，高于未适应苹果种植户，且这种差异性通过 5% 的显著性水平检验，说明苹果种植户亩均化肥投入与适应性措施采用之间可能存在正相关。在气候因素方面，适应苹果种植户所在地区的年平均降水量高于未适应苹果种植户所在地区，说明年降水量的增加能激励苹果种植户适应气候变化。在信息来源方面，适应苹果种植户所在村庄提供气象信息服务与适应性措施信息服务的比例高于未适应苹果种植户所在村庄的比例，说明村庄公共服务能够提高苹果种植户适应气候变化的比例。

## （二）苹果膨大期苹果种植户气候变化适应性决策与变量描述性分析

从表 7 - 2 可以看出，苹果膨大期与成熟期采用适应性措施苹果种植户的亩均产出 1417.9 公斤，高于未适应苹果种植户的亩均产出的 1283.9 公斤，且这种差异性通过 10% 的显著性水平检验，而适应苹果种植户的产出方差为 0.2715，显著低于未适应苹果种植户的产出方差（0.3124），说明在苹果膨大期气候变化背景下苹果种植户采用适应性措施能够增加其亩均产出，同时降低的产出风险。在户主个体特征方面，适应苹果种植户的户主平均年龄为近 50 岁，而未适应苹果种植户的户主平均年龄为 51 岁，高于适应苹果种植户，这种差异性通过 5% 的显著性水平检验，说明户主年龄与苹果种植户适应性措施采用之间存在负相关。在家庭特征方面，适应苹果种植户的合作组织参与比例为 38.55%，显著高于未适应苹果种植户的31.14%，说明合作组织参与可能促进苹果种植户适应气候变化。在气候因素方面，适应苹果种植户所在地区的年平均气温低于未适应苹果种植户所在地区，说明年平均气温的增加可能不利于苹果种植户适应气候变化。

### （三）苹果生长期苹果种植户灌溉决策与变量描述性分析

从表7-3可以看出，采用灌溉的苹果种植户亩均产出1629.6公斤，显著高于未适应苹果种植户的亩均产出的1437.8公斤，而灌溉苹果种植户的产出方差为0.1977，显著低于未适应苹果种植户的产出方差的0.3042，说明在苹果整个生长期气候变化背景下苹果种植户采用灌溉措施能够增加其亩均产出，同时降低产出风险。在户主个体特征方面，灌溉苹果种植户的户主平均受教育年限为9年，而未灌溉苹果种植户的户主平均受教育年限为8年，低于灌溉苹果种植户，且这种差异通过1%的显著性水平检验，说明户主受教育年限与苹果种植户灌溉决策之间存在正相关关系。在家庭特征方面，灌溉苹果种植户的人均果园面积1.9亩，小于未灌溉苹果种植户的人均果园面积（2.4亩），说明家庭人均苹果种植面积可能负向影响苹果种植户果园灌溉。在生产特征方面，灌溉苹果种植户的果树树龄、果树密度均高于未灌溉苹果种植户，且差异通过1%的显著性水平检验，说明随着果树树龄与果树密度的增加，苹果种植户采用灌溉的积极性随之增加。在气候因素方面，灌溉苹果种植户所在地区的年平均气温、年平均降水量均显著高于未灌溉苹果种植户所在地区，说明年平均气温与年平均降水量的增加能激励苹果种植户采用灌溉措施适应气候变化。在工具变量方面，灌溉苹果种植户所在村庄提供气象信息服务比例、灌溉可得性高于未灌溉苹果种植户所在村庄，说明村庄公共服务与灌溉基础设施能够提高苹果种植户采用灌溉措施适应气候变化的比例。

上述结果表明，苹果种植户的不同类型适应性决策受到不同类型因素的影响。然而，这种数量关系是否具有统计学意义，还需要进一步的实证计量模型检验。

## 三　实证结果与分析

利用 Stata 12.0 软件，采用完全信息极大似然法（FIML）分别估计苹果开花期、苹果膨大期的苹果种植户气候变化适应性决策及灌溉决策对苹果种植户亩均产出与产出风险的影响效应。

### （一）苹果开花期苹果种植户气候变化适应性决策的影响效应分析

1. 苹果种植户适应性决策对产出的影响分析

苹果种植户适应性决策与苹果产出方程联立估计结果见表 7-4。其中表 7-4 中第二列表示苹果开花期苹果种植户适应性决策影响因素估计结果，第三列和第四列分别表示适应苹果种植户和未适应苹果种植户苹果产出影响因素估计结果。

表 7-4　苹果开花期气候变化适应性决策与苹果产出方程联立估计结果

| 变量名 | 适应性决策 | 亩均苹果产出（对数） | |
| --- | --- | --- | --- |
| | | 适应苹果种植户 | 未适应苹果种植户 |
| 要素投入 | | | |
| 劳动（对数） | 0.0638<br>（0.1245） | 0.5043***<br>（0.0718） | 0.8585***<br>（0.1082） |
| 化肥（对数） | 0.2553**<br>（0.1144） | 0.2069***<br>（0.0709） | 0.3439***<br>（0.1051） |
| 农药（对数） | -0.0304<br>（0.1149） | -0.0141<br>（0.0726） | 0.0710<br>（0.1034） |
| 户主个体特征 | | | |
| 性别 | 0.3853<br>（0.3468） | -0.0116<br>（0.2400） | 0.5913**<br>（0.2873） |

续表

| 变量名 | 适应性决策 | 亩均苹果产出（对数） | |
|---|---|---|---|
| | | 适应苹果种植户 | 未适应苹果种植户 |
| 年龄 | -0.0002<br>（0.0063） | -0.0076*<br>（0.0039） | -0.0048<br>（0.0056） |
| 受教育年限 | 0.0204<br>（0.0173） | 0.0025<br>（0.0109） | -0.0085<br>（0.0153） |
| 家庭特征 | | | |
| 参与合作组织 | -0.0284<br>（0.1153） | 0.0639<br>（0.0734） | 0.1220<br>（0.1068） |
| 人均果园面积 | 0.0762**<br>（0.0331） | 0.0020<br>（0.0146） | 0.0784**<br>（0.0309） |
| 生产特征 | | | |
| 果园是否为平地 | -0.2115<br>（0.2007） | 0.1380<br>（0.1284） | -0.1906<br>（0.1848） |
| 果树树龄 | -0.0132<br>（0.0088） | 0.0101*<br>（0.0055） | 0.0127<br>（0.0082） |
| 栽培密度 | 0.0001<br>（0.0041） | -0.0018<br>（0.0027） | 0.0010<br>（0.0039） |
| 气候因素 | | | |
| 气温 | -0.3314**<br>（0.1555） | 0.1014<br>（0.1002） | -0.5111***<br>（0.1419） |
| 降水量 | 0.0660***<br>（0.0257） | -0.0343**<br>（0.0166） | 0.0697***<br>（0.0232） |
| 工具变量 | | | |
| 气象信息服务 | 0.0635<br>（0.0831） | | |
| 适应性措施信息服务 | 0.1967*<br>（0.1044） | | |
| 常数项 | -1.7647<br>（1.8772） | 5.5755***<br>（1.1823） | 3.5314**<br>（1.6439） |
| $\ln \sigma_{\mu a}$ | | -0.3547***<br>（0.0503） | |
| $\sigma_{\mu a}$ | | -1.8357***<br>（0.1903） | |

| 变量名 | 适应性决策 | 亩均苹果产出（对数） | |
| --- | --- | --- | --- |
| | | 适应苹果种植户 | 未适应苹果种植户 |
| $\ln \sigma_{\mu n}$ | | | -0.1769** |
| | | | (0.0736) |
| $\sigma_{\mu n}$ | | | 1.5692*** |
| | | | (0.1594) |
| LR test of indep. eqns. | 70.40*** | | |
| Log likelihood | -780.5728 | | |
| Observations | 574 | | |

注：*、**、***分别表示在10%、5%、1%的水平上显著。括号内数字为系数的标准误。

第一，适应性决策方程回归结果分析。

由于上一章内容已对影响苹果种植户气候变化适应性行为决策的因素进行分析，因此，在这仅讨论与上文不同的要素投入与工具变量的影响程度。

在要素投入方面，化肥投入的回归系数为0.2553，通过5%的显著性水平检验，这与Huang等（2014）的结论一致，说明化肥投入能够促进苹果种植户积极适应苹果开花期低温，主要是因为苹果种植户基本要素投入积极性越高，其对果园精细化管理积极性就越高，也更倾向于采用熏烟或喷打防冻剂等措施降低气候变化对苹果花期的影响。

在工具变量方面，村庄的适应性措施信息供给服务对苹果种植户花期低温适应性措施采用的影响为正，通过10%的显著性水平检验，这与Falco等（2011）的研究结论一致，说明村庄与气候变化相关的公共服务能够提高苹果种植户采取适应性措施的可能。其主要原因是，适应性措施信息服务能够拓宽苹果种植户信息获取渠道，使其充分暴露在适应性措施信息中，提高适应性措施认知水平，促进其采取适应性措施。

第二，苹果产出方程回归结果分析。

要素投入是影响适应苹果种植户与未适应苹果种植户亩均产出的共同因素。具体来看，劳动与化肥投入对适应苹果种植户与未适应苹果种植户苹果产出的影响为正，且通过 1% 的显著性水平检验，这与 Huang 等（2014）、Falco 等（2011）的结论基本一致。这说明基本的农业生产要素投入是促进苹果种植户农业产出增长的重要因素。

户主年龄、果树树龄、降水量是影响适应苹果种植户苹果产出的主要因素；户主性别、人均果园面积、年平均气温、年平均降水量是影响未适应苹果种植户苹果产出的主要因素。具体来看，户主年龄对适应苹果种植户亩均产出的影响为负，且通过 10% 的显著性水平检验，这与 Falco 等（2011）的结论一致，说明随着户主年龄增加，苹果种植户产出水平有所下降；果树树龄对适应苹果种植户苹果产出的影响为正，说明果树年限越长，单位土地产出越高；年平均降水量对适应苹果种植户亩均产出具有负向影响，说明对于适应苹果种植户而言，降水量越多，越不利于其产出的增加。户主性别对未适应苹果种植户亩均产出的影响为正，通过 5% 的显著性水平检验，说明户主为男性的家庭，其苹果产出水平较高；人均果园面积对未适应苹果种植户亩均产出影响为正，说明苹果种植规模越大的家庭，其生产投入积极性越高，能够增加其产出水平；年平均气温与年平均降水量分别负向与正向影响未适应苹果种植户的亩均产出，这与 Falco 等（2011）的结论一致，说明未适应苹果种植户所在地区的气温越低，降水量越高，其亩均产出越高，这也意味着相对于适应苹果种植户而言，气候变化对未适应苹果种植户产出的影响较为明显。

回归结果显示，公式（7 - 2）误差项分别与公式（7 - 4 - a）、公式（7 - 4 - b）误差项相关系数 $\sigma_{\mu a}$、$\sigma_{\mu n}$ 估计值通过 1% 显著性水平检验，表明回归方程存在样本选择偏差。此外，相关系数 $\sigma_{\mu a}$、$\sigma_{\mu n}$ 符号相反，说明在苹果开花期低温条件下苹果种植户采用适应性措施是基于适应性措施的比较优势。

2. 苹果种植户适应性决策对产出风险的影响分析

苹果种植户适应性决策与苹果产出风险方程联立估计结果见表 7 - 5。其中表 7 - 5 中第二列表示苹果开花期苹果种植户适应性决策影响因素估计结果，第三列和第四列分别表示适应苹果种植户和未适应苹果种植户苹果产出风险影响因素估计结果。影响苹果种植户适应性决策的因素与上述分析结果一致，不再赘述。

表 7 - 5  苹果开花期气候变化适应性决策与产出风险方程联立估计结果

| 变量名 | 适应性决策 | 苹果产出风险（对数） | |
|---|---|---|---|
| | | 适应苹果种植户 | 未适应苹果种植户 |
| 要素投入 | | | |
| 劳动（对数） | - 0.0118 | - 0.1331 | - 0.2716 |
| | (0.1141) | (0.2545) | (0.3996) |
| 化肥（对数） | - 0.2881** | - 0.1551 | - 0.6975* |
| | (0.1154) | (0.3048) | (0.4003) |
| 农药（对数） | - 0.0555 | 0.0812 | - 0.6933* |
| | (0.1131) | (0.2564) | (0.3911) |
| 户主个体特征 | | | |
| 性别 | 0.3216 | - 0.3348 | 1.0430 |
| | (0.3454) | (0.9511) | (1.1256) |
| 年龄 | 0.0000 | 0.0055 | 0.0155 |
| | (0.0064) | (0.0146) | (0.0217) |
| 受教育年限 | 0.0125 | 0.0319 | 0.0273 |
| | (0.0176) | (0.0406) | (0.0602) |
| 家庭特征 | | | |
| 参与合作组织 | 0.0245 | - 0.5881** | 0.0113 |
| | (0.1213) | (0.2692) | (0.4212) |
| 人均果园面积 | 0.0508* | 0.0376 | 0.0119 |
| | (0.0304) | (0.0539) | (0.1114) |
| 生产特征 | | | |
| 果园是否为平地 | - 0.1472 | - 0.1935 | 0.0396 |
| | (0.2123) | (0.4737) | (0.7350) |

续表

| 变量名 | 适应性决策 | 苹果产出风险（对数） | |
| --- | --- | --- | --- |
| | | 适应苹果种植户 | 未适应苹果种植户 |
| 果树树龄 | - 0.0036 | - 0.0483** | - 0.0445** |
| | （0.0092） | （0.0202） | （0.0221） |
| 栽培密度 | 0.0024 | - 0.0066 | 0.0167 |
| | （0.0044） | （0.0099） | （0.0152） |
| 气候因素 | | | |
| 气温 | - 0.2706* | - 0.0541 | - 0.1607 |
| | （0.1588） | （0.4033） | （0.5514） |
| 降水量 | 0.0563** | 0.1031 | 0.0691 |
| | （0.0272） | （0.0374） | （0.0928） |
| 工具变量 | | | |
| 气象信息服务 | 0.0113 | | |
| | （0.0946） | | |
| 适应性措施信息服务 | 0.1973* | | |
| | （0.1184） | | |
| 常数项 | - 1.8674 | - 4.8080 | - 3.6611 |
| | （1.9164） | （4.5765） | （6.3979） |
| $\ln \sigma_{\mu a}$ | | 0.8053 | |
| | | （0.0382） | |
| $\sigma_{\mu a}$ | | 0.0344 | |
| | | （0.4308） | |
| $\ln \sigma_{\mu n}$ | | | 1.2073*** |
| | | | （0.0731） |
| $\sigma_{\mu n}$ | | | 1.8941*** |
| | | | （0.1968） |
| LR test of indep. eqns. | 25.68*** | | |
| Log likelihood | - 1613.9326 | | |
| Observations | 574 | | |

注：*、**、***分别表示在10%、5%、1%的水平上显著。括号内数字为系数的标准误。

果树树龄是负向影响适应苹果种植户与未适应苹果种植户产出风险的共同因素，说明随着树龄逐渐增加，果树进入苹果盛果期，在这一时期内苹果种植户亩均产出水平波动较为稳定，不会带来较大产出风险。

影响适应苹果种植户与未适应苹果种植户产出风险的其他因素存在差异，其中参与合作组织、果树树龄是影响适应苹果种植户产出风险的主要因素，而化肥、农药投入是影响未适应苹果种植户产出风险的主要因素。具体来讲，参与合作组织对适应苹果种植户产出风险的影响为负，且通过 5% 的显著性水平检验，说明对于适应苹果种植户而言，参与合作组织能够降低其产出风险，其产出风险呈现下降趋势，可能的原因是参与合作组织能够帮助苹果种植户规避苹果生产过程中的外在风险，降低风险对苹果最终产出的影响，这一影响在适应苹果种植户群体中表现得尤为突出。化肥、农药对未适应苹果种植户产出风险具有负向影响，这与 Huang 等（2014）结论一致，说明，生产要素投入能降低苹果种植户产出风险。

3. 苹果种植户适应性决策的处理效应分析

利用公式（7-8）计算得到适应性决策对苹果种植户苹果产出及其产出方差的处理效应（ATT），结果如表 7-6 所示。为了比较苹果开花期不同适应性措施的有效性，本书按照不同适应性措施采用情况将苹果种植户分类，并计算得到熏烟、防冻剂的处理效应。

表 7-6　苹果开花期苹果种植户适应性决策的平均处理效应

| 适应性措施 | 特征 | 平均水平 | | 处理效应 | 变化率（%） |
|---|---|---|---|---|---|
| | | 适应 | 未适应 | | |
| 低温适应性措施 | 期望产出（对数） | 8.2824 | 7.9842 | ATT = 0.2982*** | 3.74 |
| | 期望产出风险（对数） | -2.7661 | -2.4619 | ATT = -0.3042*** | -12.36 |
| 熏烟 | 期望产出（对数） | 8.0537 | 7.8737 | ATT = 0.1800*** | 2.29 |
| | 期望产出风险（对数） | -2.4598 | -2.1120 | ATT = -0.3478*** | -16.46 |
| 防冻剂 | 期望产出（对数） | 8.1170 | 7.7638 | ATT = 0.1532*** | 1.93 |
| | 期望产出风险（对数） | -2.9019 | -2.5171 | ATT = -0.3848*** | -15.29 |

注：*** 表示在 1% 的水平上显著。

从平均期望产出来看，当实际适应苹果种植户没有适应气候变化时，将使其亩均苹果产出下降 3.74%；当实际熏烟苹果种植户没有采用熏烟时，将使其亩均苹果产出下降 2.29%；当实际采用防冻剂的苹果种植户未采用时，将使其亩均苹果产出下降 1.93%。

从平均期望产出风险来看，当实际适应苹果种植户没有适应花期低温时，将使其苹果产出风险增加 12.36%；当实际熏烟苹果种植户没有熏烟时，使其苹果产出风险增加 16.46%；当实际采用防冻剂苹果种植户未采用时，将使其亩均苹果产出风险增加 15.29%。

以上分析表明，苹果开花期苹果种植户采用的适应低温的措施能够有效提高苹果种植户亩均苹果产出，降低其产出风险，且降低产出风险的程度大于对产出水平的贡献程度，说明当前苹果种植户适应苹果开花期低温的措施对苹果产出具有显著影响效应。

## （二）苹果膨大期苹果种植户气候变化适应性决策的影响效应分析

### 1. 苹果种植户适应性决策对产出的影响分析

苹果种植户适应性决策与苹果产出方程联立估计结果见表 7-7。其中表 7-7 中第二列表示苹果膨大期苹果种植户适应性决策影响因素估计结果，第三列和第四列分别表示适应苹果种植户和未适应苹果种植户苹果产出影响因素估计结果。

表 7-7 苹果膨大期高温适应性决策与苹果产出方程联立估计结果

| 变量名 | 适应性决策 | 亩均苹果产出（对数） | |
|---|---|---|---|
| | | 适应苹果种植户 | 未适应苹果种植户 |
| 要素投入 | | | |
| 劳动（对数） | 0.0981 | 0.6044*** | 0.6596*** |
| | (0.1325) | (0.0994) | (0.0638) |
| 化肥（对数） | 0.1512 | 0.1084*** | 0.2046*** |
| | (0.1303) | (0.0177) | (0.0630) |

续表

| 变量名 | 适应性决策 | 亩均苹果产出（对数） | |
|---|---|---|---|
| | | 适应苹果种植户 | 未适应苹果种植户 |
| 农药（对数） | 0.1297<br>（0.1299） | 0.1797*<br>（0.1016） | 0.2126***<br>（0.0622） |
| 户主个体特征 | | | |
| 性别 | −0.2816<br>（0.4129） | 0.4492<br>（0.3405） | 0.1677<br>（0.1933） |
| 年龄 | −0.0172**<br>（0.0072） | −0.0163***<br>（0.0064） | −0.0099***<br>（0.0035） |
| 受教育年限 | 0.0284<br>（0.0206） | −0.0119<br>（0.0169） | 0.0029<br>（0.0094） |
| 家庭特征 | | | |
| 参与合作组织 | 0.6259***<br>（0.1279） | 0.2608*<br>（0.1425） | 0.2275***<br>（0.0692） |
| 人均果园面积 | 0.0421<br>（0.0274） | 0.0253<br>（0.0161） | 0.0610***<br>（0.0163） |
| 生产特征 | | | |
| 果园是否为平地 | −0.0767<br>（0.2282） | 0.2479<br>（0.1934） | 0.0067<br>（0.1127） |
| 果树树龄 | −0.0225**<br>（0.0103） | 0.0343***<br>（0.0099） | 0.0046<br>（0.0048） |
| 栽培密度 | −0.0061<br>（0.0048） | 0.0022<br>（0.0047） | −0.0039*<br>（0.0023） |
| 气候因素 | | | |
| 气温 | −0.2902<br>（0.1899） | −0.2867<br>（0.1821） | −0.1893**<br>（0.0849） |
| 降水量 | 0.1433***<br>（0.0305） | 0.0131<br>（0.0355） | 0.0512***<br>（0.0149） |
| 工具变量 | | | |
| 气象信息服务 | 0.0637<br>（0.1307） | | |
| 适应性措施信息服务 | 0.2989*<br>（0.1787） | | |

| 变量名 | 适应性决策 | 亩均苹果产出（对数） | |
|---|---|---|---|
| | | 适应苹果种植户 | 未适应苹果种植户 |
| 常数项 | − 5.4401**<br>（2.1558） | 4.9399**<br>（1.9714） | 2.2841**<br>（1.0236） |
| ln $\sigma_{\mu a}$ | | − 0.5886***<br>（0.0629） | |
| $\sigma_{\mu a}$ | | 0.0837<br>（0.4019） | |
| ln $\sigma_{\mu n}$ | | | − 0.4793***<br>（0.0450） |
| $\sigma_{\mu n}$ | | | 1.1448***<br>（0.1448） |
| LR test of indep. eqns. | 16.16*** | | |
| Log likelihood | − 740.8525 | | |
| Observations | 574 | | |

注：*、**、***分别表示在10%、5%、1%的水平上显著。括号内数字为系数的标准误。

第一，适应性决策方程回归结果分析。

在工具变量方面，适应性措施信息服务的回归系数为0.2989，通过10%的显著性水平检验，这与Falco等（2011）的研究结论一致，说明与气候变化相关的村庄公共服务能够提高苹果种植户采取适应性措施的积极性。其主要原因是，适应性措施信息服务能够拓宽苹果种植户信息获取渠道，使其充分暴露在适应性措施信息中，提高适应性措施认知水平，促进其采取适应性措施。

第二，苹果产出方程回归结果分析。

要素投入、户主年龄及参与合作组织是影响适应苹果种植户与未适应苹果种植户亩均苹果产出的主要因素。具体来看，在适应苹果种植户与未适应苹果种植户产出方程中，劳动、化肥及农药的回归系数均为正，且通过显著性检验，这与Huang等

（2014）、Falco 等（2011）的结论基本一致，说明基本生产要素投入是促进苹果种植户苹果产出的重要因素。户主年龄对苹果种植户苹果产出具有负向影响，表明随着苹果种植户年龄的增加，其苹果产出下降。合作组织参与情况正向影响适应苹果种植户与未适应苹果种植户苹果产出，但对适应苹果种植户产出的正向影响程度大于未适应苹果种植户，说明，参与合作组织能够提升苹果种植户产出水平，而这种影响在适应苹果种植户中表现得尤为突出。主要是因为一旦苹果种植户加入合作组织，就能够获得有效的生产技术，提高苹果种植户技术采用率与生产效率，提升其农业产出水平。

果树树龄是影响适应苹果种植户产出的主要因素；人均果园面积、栽培密度及气候因素是影响未适应苹果种植户产出的主要因素。具体来看，果树树龄对适应苹果种植户产出的影响为正，且通过1%的显著性水平检验，说明果树年限越长，单位土地产出越高。人均果园面积正向影响未适应苹果种植户产出，人均果园面积越大，苹果种植户生产积极性越高，能够增加其产出。栽培密度负向影响未适应苹果种植户产出，说明随着亩均果树种植密度的增加，苹果种植户产出水平有所下降。气温对未适应苹果种植户产出的影响为负，而降水量对未适应苹果种植户产出的影响为正，通过显著性水平检验，主要是因为，对于未适应苹果种植户而言，气温增加不利于苹果膨大期果实的生长，而降水量的增加能够有效缓解气候变化对苹果生产的负面影响，正向促进产出增加，这也说明气候变化对未适应苹果种植户苹果生产的影响较为明显。

2. 苹果种植户适应性决策对产出风险的影响分析

苹果种植户适应性决策与苹果产出风险方程联立估计结果见表7-8。其中表7-8中第二列表示苹果膨大期苹果种植户适应性决策影响因素估计结果，第三列和第四列分别表示适应苹果种植户和未适应苹果种植户苹果产出风险影响因素估计结果。影响苹果种植户适应性决策的因素与上述分析结果一致，不再赘述。

表 7-8 苹果膨大期气候变化适应性决策与苹果产出风险
方程联立估计结果

| 变量名 | 适应性决策 | 苹果产出风险（对数） | |
|---|---|---|---|
| | | 适应苹果种植户 | 未适应苹果种植户 |
| 要素投入 | | | |
| 劳动（对数） | -0.0146 (0.1067) | -0.4877 (0.4908) | -0.0537 (0.2587) |
| 化肥（对数） | 0.0302 (0.1071) | -0.1169 (0.5269) | -0.0361 (0.2613) |
| 农药（对数） | 0.0800 (0.1086) | -0.3462 (0.5027) | -0.0995 (0.2573) |
| 户主个体特征 | | | |
| 性别 | -0.2639 (0.3671) | 0.0891 (1.7653) | 0.3046 (0.8121) |
| 年龄 | -0.0133** (0.0064) | 0.0542* (0.0300) | 0.0026 (0.0145) |
| 受教育年限 | 0.0169 (0.0189) | -0.0485 (0.0903) | 0.0870** (0.0396) |
| 家庭特征 | | | |
| 参与合作组织 | 0.4857*** (0.1187) | -2.1716*** (0.5660) | 0.7549*** (0.2841) |
| 人均果园面积 | 0.0264 (0.0215) | -0.0833 (0.0923) | 0.0057 (0.0603) |
| 生产特征 | | | |
| 果园是否为平地 | -0.0203 (0.2131) | -0.1885 (1.0191) | -0.3744 (0.4755) |
| 果树树龄 | -0.0190* (0.0097) | -0.0215 (0.0470) | -0.0712*** (0.0203) |
| 栽培密度 | -0.0042 (0.0047) | 0.0010 (0.0232) | 0.0001 (0.0098) |

续表

| 变量名 | 适应性决策 | 苹果产出风险（对数） | |
|---|---|---|---|
| | | 适应苹果种植户 | 未适应苹果种植户 |
| 气候因素 | | | |
| 气温 | − 0.2520<br>（0.1694） | 0.4374<br>（0.8572） | 0.0508<br>（0.3567） |
| 降水量 | 0.1123***<br>（0.0282） | − 0.4466***<br>（0.1449） | 0.1403**<br>（0.0614） |
| 工具变量 | | | |
| 气象信息服务 | 0.0531<br>（0.0753） | | |
| 适应性措施信息服务 | 0.1589*<br>（0.0938） | | |
| 常数项 | | 8.8079<br>（9.1158） | − 7.5785*<br>（4.2741） |
| $\ln \sigma_{\mu a}$ | | 1.4494***<br>（0.0900） | |
| $\sigma_{\mu a}$ | | − 2.2110***<br>（0.2983） | |
| $\ln \sigma_{\mu n}$ | | | 0.9966***<br>（0.0411） |
| $\sigma_{\mu n}$ | | | 2.1076***<br>（0.2321） |
| LR test of indep. eqns. | 78.59*** | | |
| Log likelihood | − 1520.8276 | | |
| Observations | 574 | | |

注：*、**、***分别表示在10%、5%、1%的水平上显著。括号内数字为系数的标准误。

参与合作组织、降水量是影响适应苹果种植户与未适应苹果种植户产出风险的共同因素。参与合作组织对适应苹果种植户产出风险影响为负，而对未适应苹果种植户的产出风险为正，说明参与合作组织能够降低适应苹果种植户产出风险，而增加未适应苹果种植户的产出风险。可能的原因是，一方面，合作社能够提供新的苹果生产技术，而这些技术的采用带来苹果产出风险；另一方面，覆膜、人工种草的采用能够有效降低苹果产出风险。降水量分别负向、正向影响适应苹果种植户、未适应苹果种植户产出风险，说明在同一地区，降水量一定的条件下，适应苹果种植户产出风险低于未适应苹果种植户的产出风险，主要是因为在降水量较为一致的地区，苹果种植户采用覆膜、人工种草能够减小果园水分的蒸腾作用，降低气候变化的影响，稳定苹果种植户苹果产出水平。

户主年龄是影响适应苹果种植户产出风险的主要因素；户主受教育年限、果树树龄是影响未适应苹果种植户产出风险的主要因素。户主年龄对适应苹果种植户产出风险的回归系数为 0.0542，通过 10% 的显著性水平检验，主要是因为随着户主年龄增加，其自身劳动能力有所下降，不利于进行苹果的精细化管理，从而带来苹果产出水平的波动。受教育年限对未适应苹果种植户的产出风险具有正向影响，这是因为户主受教育程度越高，其接受新的苹果生产技术的可能性越高，而新技术的采用会带来一定的苹果产出风险；果树树龄对未适应苹果种植户的产出风险的影响为负，通过 1% 的显著性水平检验，说明随着树龄逐渐增加，果树进入苹果生产的盛果期，苹果种植户亩均产出水平波动较为稳定，不会带来较大产出风险。

回归结果显示，适应性决策方程的误差项分别与适应苹果种植户产出方程、未适应苹果种植户产出方程的误差项相关系数 $\sigma_{\mu a}$、$\sigma_{\mu n}$ 估计值通过 1% 的显著性水平检验，表明回归方程存在样本选择偏差。此外，相关系数 $\sigma_{\mu a}$、$\sigma_{\mu n}$ 符号相反，说明在苹果膨大期气候变化条件下苹果种植户适应性措施的采用是基于适应性措施的比较优势，即苹果种植户是在比较适应性措施采用与否对其收益的影响情况下才决定采用。

**3. 苹果种植户适应性决策的处理效应分析**

利用公式（7-8）计算得到适应性决策对苹果种植户苹果产

出及其产出方差的处理效应（ATT），结果如表 7-9 所示。为了比较苹果膨大期不同适应性措施的有效性，本书按照不同适应性措施采用情况将苹果种植户分类，并计算得到覆膜、人工种草的处理效应。

表 7-9　苹果膨大期苹果种植户适应性决策的平均处理效应

| 适应性措施 | 特征 | 平均水平 | | 处理效应 | 变化率（％） |
|---|---|---|---|---|---|
| | | 适应 | 未适应 | | |
| 高温适应性措施 | 期望产出（对数） | 7.9283 | 7.5715 | ATT = 0.3568*** | 4.71 |
| | 期望产出风险（对数） | -3.1727 | -2.6462 | ATT = -0.5265*** | -19.89 |
| 覆膜 | 期望产出（对数） | 7.9935 | 7.6940 | ATT = 0.2995*** | 3.89 |
| | 期望产出风险（对数） | -3.2740 | -3.2524 | ATT = -0.0216 | -0.66 |
| 人工种草 | 期望产出（对数） | 7.9281 | 7.3095 | ATT = 0.3186*** | 4.36 |
| | 期望产出风险（对数） | -3.2028 | -3.0127 | ATT = -0.1901*** | -6.31 |

注：*** 表示在 1% 的水平上显著。

从平均期望产出来看，当实际适应苹果种植户没有适应气候变化时，将使其亩均苹果产出下降 4.71%；当实际覆膜苹果种植户没有采用覆膜时，将使其亩均苹果产出下降 3.89%；当实际采用人工种草的苹果种植户未采用时，将使其亩均苹果产出下降 4.36%。

从平均期望产出风险来看，当实际适应苹果种植户没有适应关键生长期高温少雨时，将使其苹果产出风险增加 19.89%；当实际覆膜苹果种植户没有采用覆膜时，将使其苹果产出风险增加 0.66%；当实际采用人工种草的苹果种植户未采用时，将使其亩均苹果产出风险增加 6.31%。

以上分析表明，苹果膨大期苹果种植户采用的适应性措施能够有效提高苹果种植户亩均苹果产出，降低其产出风险，且降低产出风险的程度大于对产出水平的贡献程度，说明当前苹果种植户采用的适应苹果膨大期气候变化的措施对苹果产出具有显著影响效应。

## （三）苹果生长期苹果种植户灌溉决策的影响效应分析

### 1. 灌溉决策对苹果种植户苹果产出的影响分析

苹果种植户灌溉与苹果产出方程联立估计结果见表 7 - 10。其中表 7 - 10 中第二列表示苹果种植户灌溉决策影响因素估计结果，第三列和第四列分别表示灌溉苹果种植户和未灌溉苹果种植户苹果产出影响因素估计结果。

表 7 - 10　苹果种植户灌溉与苹果产出方程联立估计结果

| 变量名 | 灌溉决策 | 苹果亩均产出（对数） | |
| --- | --- | --- | --- |
| | | 灌溉苹果种植户 | 未灌溉苹果种植户 |
| 要素投入 | | | |
| 劳动（对数） | - 0.1457<br>（0.1823） | 0.6325***<br>（0.1186） | 0.6326***<br>（0.0522） |
| 化肥（对数） | - 0.3455**<br>（0.1539） | 0.3952***<br>（0.1013） | 0.0906*<br>（0.0535） |
| 农药（对数） | 0.3103**<br>（0.1582） | 0.1652*<br>（0.1003） | 0.2315***<br>（0.0517） |
| 户主个体特征 | | | |
| 性别 | 0.2734<br>（0.6247） | 0.1842<br>（0.3923） | 0.2424<br>（0.1639） |
| 年龄 | 0.0033<br>（0.0084） | 0.0075<br>（0.0049） | - 0.0084***<br>（0.0029） |
| 受教育年限 | 0.0802***<br>（0.0288） | 0.0085<br>（0.0273） | 0.0002<br>（0.0081） |
| 家庭特征 | | | |
| 参与合作组织 | 0.2934*<br>（0.1552） | 0.0305<br>（0.1059） | 0.1364***<br>（0.0542） |
| 人均果园面积 | - 0.0460<br>（0.0586） | 0.0061<br>（0.0488） | 0.0315***<br>（0.0123） |
| 生产特征 | | | |
| 果园是否为平地 | - 0.1091<br>（0.2832） | - 0.1863<br>（0.1704） | 0.0655<br>（0.0949） |

续表

| 变量名 | 灌溉决策 | 苹果亩均产出（对数） | |
|---|---|---|---|
| | | 灌溉苹果种植户 | 未灌溉苹果种植户 |
| 果树树龄 | 0.0187<br>（0.0118） | − 0.0076<br>（0.0079） | 0.0181***<br>（0.0041） |
| 栽培密度 | 0.0119**<br>（0.0052） | − 0.0046<br>（0.0037） | 0.0001<br>（0.0019） |
| 气候因素 | | | |
| 气温 | − 0.3614<br>（0.3066） | 0.7385<br>（0.3176） | − 0.1737**<br>（0.0728） |
| 降水量 | 0.2603***<br>（0.0381） | − 0.0206<br>（0.0649） | 0.0434***<br>（0.0129） |
| 工具变量 | | | |
| 气象信息服务 | 0.2747*<br>（0.1642） | | |
| 灌溉可得性 | 0.3986*<br>（0.2076） | | |
| 常数项 | − 10.7878***<br>（2.7626） | − 5.4186*<br>（3.2646） | 2.6287***<br>（0.8665） |
| $\ln \sigma_{\mu a}$ | | − 0.9269***<br>（0.1895） | |
| $\sigma_{\mu a}$ | | 0.3635<br>（0.7245） | |
| $\ln \sigma_{\mu n}$ | | | − 0.5442***<br>（0.0346） |
| $\sigma_{\mu n}$ | | | 0.8865***<br>（0.1771） |
| LR test of indep. eqns. | 6.20** | | |
| Log likelihood | − 688.8259 | | |
| Observations | 660 | | |

注：*、**、***分别表示在10%、5%、1%的水平上显著。括号内数字为系数的标准误。

第一，适应性决策方程回归结果分析。

在要素投入方面，化肥、农药投入对苹果种植户灌溉决策的影响方向相反，通过 5% 的显著性水平检验，说明苹果种植户的农业生产投资影响其灌溉决策。可能的原因是，化肥是苹果种植户苹果生产过程中投入较多的生产要素，带来较高生产成本，从而抑制苹果种植户灌溉投资；农药是预防持续高温病虫害多发的主要手段，农药投入成本越高，苹果种植户采用灌溉的愿望越强烈，是因为灌溉在一定程度上降低病虫害对苹果生产的影响，抑制病虫害的增加和蔓延，促进苹果产出。

在工具变量方面，气象信息服务与灌溉可得性对灌溉决策的影响均为正，通过 10% 的显著性水平检验，说明村庄公共服务能够有效提高苹果种植户适应气候变化的比例。气象信息服务能够拓宽苹果种植户气象信息获取渠道，提高其对气候变化及其影响的认知，促进苹果种植户适应气候变化；村庄的灌溉基础设施齐全能够激励苹果种植户积极灌溉应对高温少雨的天气，为果树及时补充水分，提高果实大小及其品质，为苹果种植户增产增收。

第二，苹果产出方程回归结果分析。

要素投入是影响适应苹果种植户与未适应苹果种植户产出水平的共同因素。具体来讲，劳动、化肥及农药正向影响适应苹果种植户的苹果产出水平，且影响程度逐渐减小，而未适应苹果种植户中，三种生产要素投入的影响程度从大到小依次为劳动、农药及化肥投入，说明虽然基本的生产要素投入是促进苹果种植户产出增加的重要影响因素，但影响程度在不同类型苹果种植户之间存在一定差异。

户主年龄、参与合作组织、人均果园面积、果树树龄及气候因素是影响未灌溉苹果种植户苹果产出的主要因素。户主年龄对未适应苹果种植户产出水平的影响为负，通过 1% 的显著性水平检验，这与上述分析的结论一致，即随着户主年龄的增加，其产出水平有下降趋势。家庭特征的参与合作组织、人均果园面积对未适应苹果种植户产出水平均具有正向影响，这与上文的分析结论一致，说明加入合作组织或人均果园面积越大的家庭其亩均苹果产出越高。果树树龄对未适应苹果种植户产出的影响为正，通过1%的显著性水平检验，这是因为随着果树树龄的增加，苹果生产进入盛果期，产出逐年增加。气温、降水量对未适应苹果种植户苹果产出的影响方向相反，这与上文分析结论一致，说明气候变化对未适应苹果种植户产出的影响较为明显，主要是因为这个群体的苹果种植户未及时采用相关措施应对气候变化。

2. 灌溉决策对苹果种植户苹果产出风险的影响分析

苹果种植户灌溉与苹果产出风险方程联立估计结果见表7-11。其中表7-11中第二列表示苹果种植户灌溉决策影响因素估计结果，第三列和第四列分别表示灌溉苹果种植户和未灌溉苹果种植户苹果产出风险影响因素估计结果。灌溉决策的影响因素与上述分析结论基本一致，不再赘述。

表7-11　苹果种植户灌溉与苹果产出风险方程联立估计结果

| 变量名 | 灌溉决策 | 苹果产出风险（对数） | |
| --- | --- | --- | --- |
| | | 灌溉苹果种植户 | 未灌溉苹果种植户 |
| 要素投入 | | | |
| 劳动（对数） | -0.1022 | -0.6869 | -0.2217 |
| | (0.1704) | (0.5868) | (0.2155) |
| 化肥（对数） | -0.4596*** | 0.6033 | -0.1038 |
| | (0.1519) | (0.5893) | (0.2259) |
| 农药（对数） | 0.3264** | -1.0095* | -0.2217 |
| | (0.1600) | (0.5485) | (0.2176) |
| 户主个体特征 | | | |
| 性别 | 0.3659 | -1.1377 | -0.2592 |
| | (0.6725) | (2.0515) | (0.6745) |
| 年龄 | 0.0033 | -0.0447* | 0.0025 |
| | (0.0087) | (0.0256) | (0.0120) |
| 受教育年限 | 0.0925*** | -0.3321*** | 0.0139 |
| | (0.0292) | (0.1259) | (0.0339) |

| 变量名 | 灌溉决策 | 苹果产出风险（对数） | |
|---|---|---|---|
| | | 灌溉苹果种植户 | 未灌溉苹果种植户 |
| 家庭特征 | | | |
| 参与合作组织 | 0.2092<br>(0.1629) | -0.0182<br>(0.5569) | -0.6215***<br>(0.2257) |
| 人均果园面积 | -0.0431<br>(0.0601) | 0.3971*<br>(0.2366) | 0.0175<br>(0.0462) |
| 生产特征 | | | |
| 果园是否为平地 | -0.1591<br>(0.3005) | -0.0375<br>(0.8968) | 0.3654<br>(0.3931) |
| 果树树龄 | 0.0139<br>(0.0121) | -0.0094<br>(0.0388) | -0.0518***<br>(0.0169) |
| 栽培密度 | 0.0132**<br>(0.0058) | -0.0044<br>(0.0205) | 0.0001<br>(0.0084) |
| 气候因素 | | | |
| 气温 | -0.2797<br>(0.3127) | -0.2549<br>(1.6059) | 0.2074<br>(0.2993) |
| 降水量 | 0.2786***<br>(0.0380) | -0.4972<br>(0.3148) | -0.0078<br>(0.0619) |
| 工具变量 | | | |
| 气象信息服务 | 0.3562**<br>(0.1717) | | |
| 灌溉可得性 | 0.5439***<br>(0.2006) | | |
| 常数项 | -12.1413***<br>(2.8157) | 36.2681***<br>(11.8519) | -1.2542<br>(3.7702) |
| $\ln \sigma_{\mu a}$ | | 0.9118***<br>(0.2702) | |
| $\sigma_{\mu a}$ | | -1.2450*<br>(0.6920) | |
| $\ln \sigma_{\mu n}$ | | | 0.8585***<br>(0.0300) |
| $\sigma_{\mu n}$ | | | -0.1252<br>(0.1934) |

| 变量名 | 灌溉决策 | 苹果产出风险（对数） | |
|---|---|---|---|
| | | 灌溉苹果种植户 | 未灌溉苹果种植户 |
| LR test of indep. eqns. | 2. 78 | | |
| Log likelihood | − 1657. 8526 | | |
| Observations | 660 | | |

注：＊、＊＊、＊＊＊分别表示在10％、5％、1％的水平上显著。括号内数字为系数的标准误。

农药投入、户主年龄、受教育年限、人均果园面积是影响灌溉苹果种植户产出风险的主要因素。具体来讲，农药投入对灌溉苹果种植户产出风险的影响为负，与Huang等（2014）的结论一致，说明要素投入能够降低苹果种植户特别是灌溉苹果种植户的产出风险。户主年龄、受教育年限对苹果产出风险具有负向影响，主要是因为户主的年龄越大、受教育年限越长，其种植经验越丰富，气候变化与适应性决策的认知水平越高，能够有效采用应对措施降低外部因素带来的产出风险。人均果园面积对灌溉苹果种植户产出风险的影响为正，说明种植规模越大，其产出风险越高。这是因为苹果种植规模大，对气候因素的变化更为敏感，产出风险也相对较高。

参与合作组织、果树树龄是负向影响未灌溉苹果种植户产出风险的主要因素，且前者的影响程度大于后者，主要是因为合作社为苹果种植户提供较为先进且成熟的生产技术，帮助苹果种植户规避新生产技术采用带来的风险，从而降低苹果产出风险；当果树生长到一定阶段，在其他条件保持不变的情况下，苹果产量的波动较为稳定，这使得产出风险也相对较小。

3. 灌溉决策的处理效应分析

利用公式（7－8）计算得到灌溉对苹果种植户苹果产出及其产出方差的处理效应（ATT），结果如表7－12所示。

表 7 - 12    灌溉对苹果产出与产出风险的平均处理效应

| 特征 | 平均水平 | | 处理效应 | 变化率（%） |
|---|---|---|---|---|
| | 适应 | 未适应 | | |
| 平均期望产出（对数） | 7.7338 | 7.0338 | ATT = 0.7000*** | 9.95 |
| 平均期望产出风险（对数） | - 3.3127 | - 3.0630 | ATT = - 0.2497* | - 8.15 |

注：*、***分别表示在 10%、1% 的水平上显著。

从平均期望产出来看，当实际灌溉苹果种植户没有进行果园灌溉时，其亩均苹果产出下降 9.95%；从平均期望产出风险来看，当实际灌溉苹果种植户没有采用灌溉措施时，其苹果产出风险增加 8.15%。

以上分析充分表明，苹果生长期苹果种植户采用灌溉措施能够有效提高苹果种植户亩均苹果产出，降低其产出风险，这与 Foudi 和 Erdlenbruch（2012）的研究结论一致，说明在气候变化背景下，苹果种植户采用增加灌溉的方式对苹果产出具有显著影响。此外，灌溉对苹果种植户产出水平的贡献程度大于对产出风险的贡献程度。

## 四  不同适应性行为选择成本收益分析

以上分析表明，不同苹果生长阶段苹果种植户气候变化适应性行为选择能够不同程度地提高种植户苹果产出水平，同时降低产出风险。为了进一步分析苹果种植户不同气候变化适应性行为选择的有效性，在评估各类适应性行为选择对产出水平的影响效应基础上，比较各类适应性措施成本与收益，结果见表 7 - 13。这里的成本是根据实际苹果种植户微观数据测算得到的。收益的计算是通过适应苹果种植户与未适应苹果种植户平均产出水平之差乘以平均苹果销售价格计算所得，其中平均苹果销售价格采用样本苹果种植户苹果一级果价格的总体平均值代替，为 2.6714 元/斤。

表 7 - 13　苹果种植户不同适应性行为选择成本收益分析

单位：元/亩

| 阶段 | 适应性措施 | 收益 | 成本 | 净收益 |
|------|-----------|------|------|--------|
| 苹果开花期 | 熏烟 | 1384.1592 | 17.0826 | 1367.0766 |
| | 防冻剂 | 1271.5330 | 18.7321 | 1252.8009 |
| 苹果膨大期 | 覆膜 | 2047.6548 | 46.1518 | 2001.5030 |
| | 人工种草 | 2021.9293 | 14.0710 | 2007.8583 |
| 整个生长期 | 灌溉 | 3071.9312 | 232.4995 | 2839.4317 |

从表 7 - 13 可以看出，苹果种植户采用的各类适应性行为符合成本收益原则，能够增加苹果净收益，但不同适应性措施所带来的净收益差异明显。其中，灌溉作为苹果种植户应对苹果生产过程中气候变化的有效手段，能为苹果种植户带来每亩 2839 元净收益，为所有适应性措施中最高。与灌溉措施相比，应对苹果膨大期气候变化的覆膜、人工种草为苹果种植户带来的净收益较低，但高于苹果开花期苹果种植户采取的适应性措施，这主要是因为在苹果膨大期，水分是果树生长急需的资源，覆膜、人工种草在一定程度上缓解黄土高原优势区干旱少雨的情况，能够促进果树生长、果实膨大，进而带来苹果种植户收益的增加。最后，虽然已经证明苹果开花期苹果种植户采用的熏烟和防冻剂能够提高苹果产出水平，降低苹果产出风险，但苹果开花期的这两个措施对苹果种植户净收益增加的贡献最小，主要是因为，苹果生长从苹果开花期到苹果成熟期之间有 6 个月时间，在这段时间内，苹果种植户可以通过采用先进果树管理技术、土肥水管理等手段有效提高苹果收益。

总体来看，在苹果生长不同阶段，苹果种植户采用的不同气候变化适应性行为均符合成本收益原则，是有效的，但不同适应性行为带来的种植户净收益增加数值存在显著差异，其中以灌溉带来的净收益最高，苹果膨大期适应性行为选择带来的净收益次之，而苹果开花期适应性行为选择带来的净收益较低。这些结论说明，苹果种植户采用的各类气候变化适应性行为能够在不同程度上为种植户带来家庭收益的增加，进一步提高家庭总现金收入水平，从而改善苹果种植户应对未来气候变化的适应能力。

# 五 本章小结

本章以期望效用最大化为目标，构建苹果种植户气候变化适应性决策对农业产出及产出风险影响的理论模型，利用陕西苹果种植户微观调查数据，采用矩估计方法评估苹果种植户农业产出风险水平，选择内生转换模型实证分析苹果种植户不同适应性决策对其农业产出及产出风险的影响，并分析不同适应性行为选择的有效性。

（1）苹果种植户不同气候变化适应性行为选择对苹果产出及产出风险的影响效应显著，但不同适应性行为选择之间差异明显。苹果开花期苹果种植户气候变化适应性措施能够增加农业产出，降低产出风险，其中当实际应采用熏烟而苹果种植户未采用时，其亩均苹果产出下降 2.29%，产出风险增加 16.46%；当实际应采用防冻剂而苹果种植户未采用时，其亩均苹果产出下降 1.93%，产出风险增加 15.29%。苹果膨大期苹果种植户适应性措施增加农业产出，同时降低产出风险，其中当实际应采用覆膜而苹果种植户未采用时，其亩均苹果产出下降 3.89%，产出风险增加 0.66%；当实际应采用人工种草而苹果种植户未采用时，使其亩均苹果产出下降 4.36%，产出风险增加 6.31%。在苹果生长期内，当实际应灌溉而苹果种植户未灌溉时，其亩均苹果产出下降 9.95%，产出风险增加 8.15%。

（2）苹果种植户不同气候变化适应性行为选择均符合成本收益原则，是有效的，但不同适应性行为带来的净收益差异明显，其中以灌溉带来的净收益最高，苹果膨大期适应性行为选择带来的净收益次之，而苹果开花期适应性行为选择带来的净收益较低。

以上研究结论表明，苹果种植户气候变化适应性行为选择对苹果产出及产出风险有明显影响，且是有效的。因此，在改善区域苹果种植户气候变化适应水平及能力时，应当从三个方面着手。第一，高度重视对现有适应性措施的管理与推广，为提高苹果种植户适应气候变化积极性创造条件。在农业适应气候变化过程中，政府的农业政策应当以提高苹果种植户适应积极性为目标，重视现有适应性措施的管理，加强适应性措施在农村地区的推广。第二，高度重视政府公共服务在苹果种植户气候变化适应方面发挥的作用。与气候变化相关的公共服务是苹果种植户气候变化与适应性措施信息的主要来源，能够有效促进苹果种植户的适应能力。因此，政府应当通过宣传栏、村级广播、发放宣传材料等多种途径向广大苹果种植户宣传气候变化及其适应性措施的重要性与迫切性，努力提高苹果种植户对适应性措施的认知水平，以此实现苹果种植户从不适应到主动适应气候变化的转变。第三，高度重视新型农业经营主体对苹果种植户气候变化适应的引导作用。新型农业经营主体是农村产业政策支持的新实体、农村生产技术与信息的供给者和农村农民收入增长的新亮点。在全面提升新型农业经营主体发展水平的同时，应当高度重视其对农村发展的作用；加强对合作社的教育和管理，增强其在带动周围苹果种植户应对气候变化增加农业收入方面发挥的引导作用。

▶ 第八章
# 结论与建议

气候变化已对中国苹果产业产生严重影响，适应成为解决这个问题的关键手段。苹果种植户作为苹果产业适应气候变化的微观主体，如何提高其气候变化适应能力，激励其气候变化适应性行为选择与采用强度，成为学术界和政府部门关心的重点。苹果种植户气候变化适应性行为决策是其在内、外部约束条件下的行为选择与动机倾向，是个多阶段、连续性的决策过程。本书在构建苹果种植户气候变化适应性行为理论分析框架的基础上，测算气候变化对苹果种植户苹果净收益的影响方向与程度及苹果种植户气候变化适应能力，分析苹果种植户在适应能力的内生约束与包括气候变化特征、市场环境、农作物属性、村庄环境在内的外生约束下的适应性行为决策特征，评估苹果种植户气候变化适应性行为选择有效性。本章在综合上述章节分析的基础上，对苹果种植户气候变化适应性行为研究的主要结论进行评述，并提出这些研究结论所蕴含的对策建议。

## 一 主要研究结论

### （一）气候变化与苹果种植户适应性行为特征

本章基于陕西气候变化与 8 个苹果基地县苹果种植户微观调

查数据，利用描述性统计分析方法，从气候变化特征、苹果生产布局特征及苹果种植户适应性行为特征维度，揭示陕西气候变化、苹果生产布局变化特征及苹果种植户气候变化适应性行为选择特征。研究发现以下几点。

（1）陕西气候变化趋势明显，且不同苹果生长阶段气候变化特征差异明显。陕西年平均气温增加趋势明显，而年平均降水量呈现先增加后下降的变化趋势；苹果休眠期、膨大期及成熟期的气温变化增加趋势明显，而开花期的平均气温呈现先增加后下降的变化趋势；苹果休眠期、膨大期的降水量变化均呈现倒"U"形趋势，开花期、成熟期的降水量分别有所下降、增加。样本县年平均气温均有所上升，年平均降水量变化呈现不同趋势；苹果开花期的平均气温下降明显，膨大期平均气温增加明显，而不同苹果生长阶段的平均降水量变化差异显著。

（2）陕西苹果产业布局呈现"西移北扩"趋势，苹果种植从平原地区向丘陵沟壑区转移，且这种变化趋势与气候变化密切相关。从地形地貌来看，陕西苹果种植从平原地区向丘陵沟壑地区转移，而丘陵沟壑地区对气候变化更为敏感，这使得苹果种植户适应气候变化更为迫切和需要。

（3）苹果种植户气候变化认知较为一致。苹果种植户普遍认为年平均气温上升，而年平均降水量减少，同时苹果开花期冻灾与苹果膨大期干旱发生次数与影响程度均有所增加，对苹果生产带来严重影响。

（4）不同苹果生长阶段的苹果种植户气候变化适应性行为选择存在差异，但总体采用水平较低，且区域差异明显。对于苹果开花期低温，苹果种植户中44.34%选择果园熏烟的方式应对，而38.01%选择为果树喷打防冻剂的方式应对，两类措施的户均采用强度为8.37亩，其中延安市宝塔区、宜川县、富县及洛川县苹果种植户适应水平较高，渭南市白水县次之，而咸阳市长武县、彬县及旬邑县适应水平较低；对于苹果膨大期持续高温，苹果种植户中，18.25%选择果园覆黑地膜措施，15.08%选择果园人工种草或铺秸秆措施应对，户均采用强度 5.41 亩，其中延安市四个县区苹果种植户采用比例较高，渭南市白水县次之，咸阳市三个县整体水平较低；对于苹果整个生长周期气候变化特征，增加灌溉措施也是苹果种植户适应气候变化主要手段之一，但仅12.97%种植户选择，户均灌溉面积 7.89 亩，其中渭南市白水县苹果种植户灌溉比例最高，其余 7 个县区苹果种植户灌溉比例较低。

上述研究结论表明，陕西气候变化趋势明显，苹果产业布局呈现"西移北扩"趋势，这与蔡新玲等（2007）、刘志超等（2011）学者关于陕西气候变化与苹果产业发展的研究观点一致。这为进一步研究陕西苹果种植户气候变化适应性行为提供了背景支撑。此外，上述研究利用陕西苹果基地县苹果种植户微观调查数据，从苹果种植户气候变化认知与适应性行为选择两个方面，系统阐述苹果种植户气候变化适应性行为选择特征。由于苹果具有的多年生与典型生长阶段性属性，使得苹果产业应对气候变化的对策区别于一年生的粮食作物，这是本书与以往同类研究（Smit and Skinner，2002；吕亚荣、陈淑芬，2010）的主要区别。因此，揭示苹果种植户气候变化适应对策及其适应性行为选择特征，为后续探索气候变化背景下多年生农作物应对策略奠定了基础。

## （二）气候变化对苹果种植户苹果净收益的影响

利用经济学理论评估气候变化对苹果种植户苹果净收益的影响是识别影响种植户苹果收益关键气候因素的重要过程，是进一步促进种植户适应气候变化，提高适应能力的重要前提。因此，本书通过梳理苹果重要生长阶段气候变化因素，依据微观经济学理论分别建立包含年度及不同苹果生长阶段气候因素在内的苹果种植户净收益 Ricardian 模型，并利用陕西苹果种植户的微观调查数据与各个样本县气候数据，分析气候变化对苹果种植户苹果净收益的经济影响，识别影响种植户净收益的关键气候因素。

（1）气候因素及其变化对苹果种植户苹果净收益产生显著影响。①在年度气候因素及其变化方面，年降水量及其变化负向影响苹果种植户的苹果净收益。②在不同苹果生长阶段的气候因素及其变化方面，苹果休眠期气温正向影响苹果种植户的净收益，而膨大期气温对种植户净收益的影响为负；开花期降水量对种植户净收益的影响为正，而休眠期与成熟期的降水量对种植户净收益的影响为负。开花期气温变化正向影响种植户净收益，而膨大期与成熟期的气温变化对种植户净收益的影响为负；膨大期降水量变化正向影响种植户净收益，而休眠期与开花期的降水量变化负向影响种植户净收益。

（2）其他特征变量对苹果种植户苹果净收益的影响存在差异。村庄特征的市场距离、灌溉可得性及专业化程度，家庭特征的果园灌溉条件正向影响苹果种植户苹果净收益，而果园受灾情况、果树密度对苹果种植户苹果净收益有负向影响；果树树龄对苹果种植户苹果净收益的影响呈现倒"U"形。

上述研究结论表明，气候变化对苹果种植户苹果净收益产生影响，且影响具有阶段性差异特征，这与 Kabubo 和 Karanja（2007）、Wang 等（2009，2014）学者关于气候变化对农户农业净收益产生约束的研究观点基本一致。同时，本书发现已有研究较少关注的多年生农作物属性，进一步验证了苹果的多年生作物属性及其生长阶段性的气候变化特征对苹果种植户苹果净收益的影响程度，为后续研究气候变化对多年生农作物影响提供了新思路。

### （三）苹果种植户气候变化适应能力

在气候变化适应性过程中，苹果种植户适应能力是其应对气候变化不利影响的基础，是适应性决策选择的内生驱动力，因此，需要科学合理地评估苹果种植户气候变化适应能力。本书以苹果种植户为研究对象，构建基于可持续生计资本的种植户气候变化适应能力理论体系，利用陕西 8 个苹果基地县 663 户苹果种植户微观调查数据，运用熵权法赋予各个指标权重，以此测算苹果种植户气候变化的适应能力，探索影响种植户适应能力的主要因素，并比较分析不同地区种植户气候变化适应能力及其各个构成之间的差异。

（1）不同地区种植户适应能力差异明显。宝塔区种植户气候变化适应能力平均水平为 8 个样本县最高值，富县、洛川、宜川、白水次之，咸阳市的 3 个样本县种植户的平均适应能力较低，其中以彬县种植户平均适应能力最低。

（2）不同地区适应能力各个构成差异明显。延安市的宝塔区、富县、宜川及洛川的种植户的各个资本水平较高，渭南市的白水次之，而咸阳市的旬邑、彬县及长武的种植户各个资本水平普遍偏低。

（3）苹果种植户气候变化适应能力整体水平较低，低适应能力种植户占比超过 60%。农业劳动力数量、受教育程度、劳动能力、参加技术培训次数等 17 个指标是影响种植户适应能力的重要因素。

上述研究结论不仅验证了 Ellis（2000）、Gentle 和 Maraseni（2012）、田素妍和陈嘉烨（2014）、赵立娟（2014）等学者关于可持续生计资本是研究农户气候变化适应能力的重要理论，还延续了人力资本、社会资本、物质资本、金融资本及自然资本是约束苹果种植户适应能力提高的关键因素。并进一步强调，加大物质资本补贴力度，因地制宜地提高苹果种植户人力资本与社会资本，对于改善苹果种植户气候变化适应能力、保障苹果产业可持续发展具有重要意义。

## （四）苹果种植户气候变化适应性行为决策

在气候变化背景下，苹果种植户在综合考虑内、外生条件下，选择不同应对措施适应不同气候变化特征。苹果种植户气候变化适应能力构成了内生约束条件，气候因素及变化、市场环境、农作物属性及村庄环境等构成外部约束，种植户气候变化适应性行为决策是这两类约束条件综合作用的结果。本书通过构建苹果种植户气候变化适应性行为两阶段决策理论模型，经验性地提出影响种植户适应性行为决策机理，在此基础上，利用陕西苹果种植户的微观调查数据，运用 Double - Hurdle 模型，分析气候变化、市场条件、村庄环境、农作物属性及适应能力对不同苹果生长阶段苹果种植户的不同气候变化适应性行为决策选择与采用强度的贡献程度，从而验证外部气候风险、市场条件、农作物属性及村庄环境是诱导种植户适应气候变化的外部条件，而种植户的适应能力是诱导苹果种植户气候变化适应性行为决策的内在条件的理论假设。

（1）气候因素及其变化对不同苹果生长阶段种植户气候变化适应性行为决策的影响存在显著差异，有以下三点。①气温、降水量变化是影响苹果开花期种植户适应性措施采用的关键因素，而降水量是影响苹果开花期种植户适应强度的主要因素。②气温变化与降水量是影响苹果膨大期种植户适应气候变化的主要因素，而气温是影响苹果膨大期种植户适应强度的主要因素。③在苹果生产过程中，气温及其变化、降水量对种植户灌溉决策选择的影响为正，而降水量变化的影响为负；降水量对种植户灌溉强度的影响为负。

（2）适应能力是影响苹果不同生长阶段苹果种植户适应性决策选择与适应强度的关键因素。具体来讲，包括以下三点。①在苹果开花期，金融资本对种植户适应性决策选择有显著的促进作用，其中家庭总现金收入、借贷可得性显著正向影响种植户适应性决策选择；自然资本、金融资本及社会资本对苹果开花期种植户适应强度有积极作用，其中人均耕地面积、人均苹果种植面积、总现金收入及参与合作组织对种植户适应强度有正向影响。②在苹果膨大期，人力资本、物质资本及社会资本对种植户适应性决策选择有显著的诱导作用，其中农业劳动力数量、参加技术培训次数、生产性工具及合作组织参与情况是促进种植户适应性决策选择的主要特征；自然资本、金融资本、物质资本及社会资本对种植户适应强度有积极影响，其中人均耕地面积、人均苹果种植面积、家庭总现金收入、生产性工具及通信费用对种植户适应强度具有正向影响。③在苹果生产过程中，人力资本、自然资本对种植户灌溉决策选择产生显著正向影响，其中受教育程度、人均耕地面积对种植户灌溉决策选择影响为正；自然资本、物质资本对种植户灌溉强度有正向影响，而社会资本的影响为负，其中耕地土地质量对种植户灌溉强度的影响为正。

（3）其他控制变量对苹果不同生长阶段种植户气候变化适应性行为决策的影响差异显著。具体来说，包括以下三点。①乡镇距离负向影响苹果开花期种植户适应强度与苹果膨大期种植户适应性决策选择。②果树树龄、市场价格及村庄信息宣传仅正向影响苹果膨大期种植户气候变化适应性决策选择。③果树密度与灌溉可得性对种植户灌溉决策选择的影响为正，而果树树龄的影响为负，农产品市场价格正向影响种植户灌溉强度。

与同类研究成果相比，上述研究结论利用陕西苹果种植户微观调查数据，验证了 Deressa 等（2009）、冯晓龙等（2016a）、朱红根和周曙东（2011）等学者关于气候变化是影响农户适应性行为决策外部因素的研究观点。同时，本书发现已有研究较少关注适应能力与适应性行为决策之间的关系，进一步验证气候变化适应能力是影响苹果种植户适应性行为决策的关键内部约束条件，且对不同适应性行为决策的影响具有异质性，系统地证明苹果种植户气候变化适应能力与适应性行为决策之间的逻辑关系。因此，本书认为，在气候变化持续发生与其他外部条件保持不变情况下，通过技术培训、信息传播、农业生产工具补贴、农村基础设施建设等手段能够提高苹果种植户不同资本水平，从而能够促进苹果种植户将对气候变化适应对策的潜在需求转化为有效需求。

### （五）苹果种植户气候变化适应性行为有效性

苹果种植户为实现气候变化背景下净收益最大化目标，在内、外生约束条件下选择适应性行为。而苹果种植户适应性行为选择的有效性是其改变生产决策的最终结果的体现，是促进适应性措施进一步推广的科学依据。本书在借鉴相关适应性行为选择对农业产出影响的理论与方法的基础上，首先利用矩估计方法估计苹果种植户的产出风险，其次运用内生转换模型评估不同苹果生长阶段苹果种植户不同适应性行为选择对其产出与产出风险的影响效应，进一步比较分析不同适应性行为选择的成本收益，以此验证苹果种植户气候变化适应性行为选择能够增加其农业产出、降低产出风险及其有效性的理论假设。

（1）苹果种植户不同气候变化适应性行为选择对苹果产出及其产出风险的影响效应显著，但这种影响在不同适应性行为选择之间差异明显。①苹果开花期苹果种植户气候变化适应性措施能够增加农业产出，降低产出风险。在考虑反事实假设条件下，当实际应选择熏烟的种植户未选择时，其亩均苹果产出下降2.29%，产出风险增加16.46%；当实际应选择防冻剂的种植户未选择时，使其亩均苹果产出下降1.93%，产出风险增加15.29%。②苹果膨大期种植户适应性措施增加农业产出，同时降低产出风险。在考虑反事实假设条件下，当实际应选择覆膜种植户未选择时，其亩均苹果产出下降3.89%，产出风险增加0.66%；当实际应选择人工种草种植户未选择时，其亩均苹果产出下降4.36%，产出风险增加 6.31%。③苹果整个生产过程中，当实际应灌溉种植户未灌溉时，其亩均苹果产出下降 9.95%，产出风险增加 8.15%。

（2）苹果种植户不同气候变化适应性行为选择均符合成本收益原则，是有效的，而不同适应性行为选择为苹果种植户带来的净收益差异明显，其中以灌溉带来的净收益最高，苹果膨大期适应性行为选择带来的净收益次之，而苹果开花期适应性行为选择带来的净收益较低。

上述研究首次利用陕西苹果基地县苹果种植户微观调查数据，从苹果种植户气候变化适应性行为选择对苹果产出及其风险影响机制视角，验证了 Falco 和 Chavas（2009）、Falco 等（2011）、Foudi 和 Erdlenbruch（2012）、Huang 等（2014）、Wang 等（2014）学者关于农户气候变化适应性行为选择能够增加农业产出，降低农业产出风险的研究观点。在此基础上进一步证明，目前苹果种植户不同气候变化适应性行为选择符合成本收益原则，能够不同程度地提高苹果种植户苹果净收益。因此，本书认为，关于农户气候变化适应性行为选择对农业收益影响机理的研究，不仅要考虑适应性行为选择对农业收益的积极作用，还应考虑不同适应性行为选择带来的成本问题。

# 二　主要建议

上述研究结论表明，气候变化对苹果种植户苹果净收益的影响较为明显，且这种影响呈显著阶段性特征，同时苹果种植户不同气候变化适应性行为是有效的，但整体上苹果种植户适应气候变化的水平较低，造成这种状态的主要原因是苹果种植户在适应气候变化过程中受到内、外部条件约束。内部约束条件主要指苹果种植户气候变化适应能力较低，即种植户家庭的人力资本、社会资本、自然资本、物质资本、金融资本存在不同程度的匮乏情况；外部约束条件主要包括村庄信息化建设程度较低，果园基础设施供给水平不足及气候变化适应性措施推广乏力等。因此，将苹果种植户气候变化适应过程中面临的内、外部约束条件和研究结论相结合并提出相应的建议与对策。

### （一）加强研发和推广适宜农作物生长特性的适应性措施

苹果属于落叶乔木，具有多年生、生命周期长等特点，这使得苹果的技术本质、投入产出过程及其对外部条件的敏感性等方面与粮食作物有本质不同，导致对于粮食作物适应气候变化较为有效的措施在多年生农作物方面不再适用，如多样化作物品种、改变农业生产时间以及购买农业保险等。因此，在研发和推广应对气候变化的技术和策略时，应当充分考虑不同农作物的生长特性。对于粮食作物而言，应当充分依据其一年生特点，积极引导农户改变耕种与收获时间、采用新品种等，而对于多年生苹果种植而言，应当充分考虑当前中国苹果栽培的模式，加强推广适宜苹果种植的气候变化适应性措施，如果园生草、覆膜、熏烟等，通过各类手段提高苹果种植户气候变化适应意识，使他们能够自主地开展适应气候变化的行动。此外，农业保险是帮助农户分散农业生产风险和生产损失补偿的重要措施，但对于多年生农作物而言，农业气候灾害保险尚未完全建立，导致农户承担农业气候灾害带来的全部损失。因此，应当建立健全多年生农作物保险政策与法规，积极开办政策性苹果保险，在气候灾害发生后，解除苹果种植户的后顾之忧，提高其生产积极性，使苹果保险真正成为广大果农风险分担的重要机制之一。

### （二）重视不同气候变化特征的适应性措施，选择差异化推广模式

气候变化在不同季节表现存在显著差异，这也导致不同苹果

生长阶段的气候条件及其变化对苹果生产的影响有所不同。因此，应当积极引导苹果种植户在不同生长阶段采用不同类型的适应性措施降低气候变化带来的不利影响，稳定农业经营性收入。在苹果种植过程中，气候变化在苹果开花期表现为气温偏低且持续周期短，严重影响苹果开花数量与质量，在这个时期，种植户采用措施适应气候变化的时机选择至关重要，这就需要种植户能够及时掌握气候信息、采取应对手段，因此，应当加强苹果开花期的气候信息预报、预警机制，及时向广大果农传输气象信息，使他们能够把握先机，及时预防气温急剧变化。气候变化在苹果膨大期则表现为气温持续升高，降水量降低，具有周期长的特点，严重影响苹果质量，在这个时期，种植户应对气候变化的主要约束来源于外部资源环境，因此，应当加强农业水利基础设施建设，降低水资源约束，同时通过技术培训、信息宣传等手段提高种植户对新型果园覆膜措施的认知水平，促进苹果种植户积极采取相关适应性措施以减缓气候变化的不利影响。

### （三）识别不同资本类型农户，提高农户不同资本拥有水平

在气候变化背景下，不同地区农户之间表现出不同的适应能力，而这种不同主要由农户家庭各个资本所决定，为进一步提高农户气候变化的适应能力，应当因地制宜地采用有效的差异化手段提高农户不同资本的拥有水平。对于人力资本较为缺乏的地区，要加大技术培训、职业技能培训等力度，提高苹果种植户文化水平和劳动技能；对于自然资本较为匮乏的地区，应当加大果园基础设施建设与补贴力度，提高果园基础设施水平，强化应对气候变化的能力；对于金融资本较为缺乏的地区，应当积极引导和规范民间借贷业务，降低正规借贷门槛，解决苹果种植户农机购买、扩大生产规模等过程中的资金短缺问题；对于物质资本较

为短缺的地区，应当加大对农业生产性工具的补贴力度，提高苹果种植户购买农业机械的积极性，丰富物质资本；对于社会资本较为缺乏的地区，应当建立健全农村信息服务网络，引导与规范农民专业合作社发展，推动生产技术与信息在农村、农民之间传播与交流。

### （四）积极培育新型经营主体，充分发挥功能性服务

新型农业经营主体是农村产业政策支持的新实体、农村生产技术与信息的供给者和农村农民收入增长的新亮点。在全面提升新型农业经营主体发展水平的同时，应当高度重视其对农村发展的作用。农民专业合作社作为满足社员共同需求服务的自助型经济组织，能够为苹果种植户提供农业生产信息与技术，在技术培训、推广和应用方面发挥重要作用，因此，在气候变化背景下，应当加强新型经营主体培育，积极引导农民专业合作社发展，加强对合作社的教育和管理，强化其在带动周围农户积极应对气候变化、稳定农业收入方面发挥的功能性服务作用，以此促进苹果种植户积极适应气候变化。

### （五）加快村庄信息化建设，丰富农户适应信息来源

气候变化与适应性措施信息是苹果种植户气候变化适应性决策的主要依据与参考。当前苹果种植户信息来源渠道较为单一，不利于其适应性决策。一方面，应当大力发展农业气象科学，加强气候变化的监测和预警，用高科技技术指导区域农业发展。另一方面，应当加强与气候变化、适应性措施相关村庄公共品建设，如农村广播、农村电视、宣传栏等，通过宣传栏、村级广播、发放宣传材料等多种途径向苹果种植户宣传气候变化对农业生产的影响及其适应性措施的重要性与迫切性，降低苹果种植户信息搜寻成本，从而让苹果种植户从思想上转变适应意识不高的

态势，提高苹果种植户对适应性措施的认知水平，以此实现苹果种植户从被动适应到主动适应气候变化的转变。此外，应当加大技术培训力度，拓展苹果种植户接受新型适应性措施的渠道和内容，充分发挥教育的基础作用，提高苹果种植户对气候变化与适应性措施的整体认知水平，促进苹果种植户积极适应气候变化。

## （六）加强农业水利基础设施建设，增强区域苹果产业抗灾能力

农业灌溉是农户适应气候变化策略中最为有效的手段。而在农业生产过程中，降水量过多或者过少均不利于农作物产量的提高，所以要进一步加强农业水利基础设施建设，建立和维护水利工程，充分发挥水库、水渠、集雨窖等设施在节水、保水、用水方面的作用，切实提高农业生产过程中应对气候变化的能力和减灾能力。此外，在黄土高原地区，气候干旱，农业灌溉用水较为缺乏，水利设施相对落后，同时自然降水在时间与空间上分布严重不均匀，使得该地区农业生产"旱时旱死、涝时涝死"的情况经常出现，严重影响农业生产，所以应当因地制宜地增加水利灌溉设施投资，如集雨设施、灌溉水渠等，同时加强节水灌溉技术的示范和推广，从而提高区域苹果产业抗灾能力。

## （七）引导密闭果园改造，提高果农投资积极性

当前，中国绝大多数的成龄苹果园大多采用以乔砧密植为主要特征的传统栽培制度，存在树体高大、枝量多、树冠郁闭、光照不充分、病虫害滋生、管理不便捷等突出问题，严重制约苹果种植户的苹果收益，大大抑制了广大果农的生产投资积极性，也不利于其应对气候变化。在苹果生产过程中，苹果种植户采用应对气候变化的措施需要额外的劳动投入，但由于传统模式栽培的苹果树冠较大，本身的劳动投入大，这使得苹果种植户采用各类

适应性措施的积极性受挫，加上其对新型适应性措施的认知水平较高，导致整体适应水平较低。政府应当高度重视对低效果园的改造，循序渐进地引导广大果农进行果园改造，依靠科技手段进一步挖掘低效果园的生产潜力，同时注重采取果园人工种草、覆膜、灌溉等抗旱保水措施，以此改善果农的农业经营收益，从而提高果农苹果生产再投资的积极性。

# 三　进一步研究展望

气候变化对农业影响研究与农户适应性研究均需要综合经济学、管理学、气象学、地理学、计算机信息学及农学等多学科知识，这也是今后研究气候变化对农业影响的必然发展趋势。目前经济学方面的研究成果相对较少，给本研究带来了一些偏差。

（1）本书在研究苹果种植户气候变化适应性行为选择时，如果苹果种植户采用一个或者多个适应性措施均视为其采用气候变化适应性措施，忽略了苹果种植户采用的不同适应性措施之间的关系。由于在实际苹果生产过程中，苹果种植户在决定采用某个适应性措施时可能会受到其他适应性措施的影响，也就是说这些适应性措施之间可能存在互补或替代的关系，这将是本书进一步的研究方向。

（2）由于气候变化是长期变化过程，本书利用横截面数据研究农户气候变化适应性行为只能侧重于分析不同地区之间农户适应性行为特征差异，很难对农户适应性行为的动态变化进行深入研究，限制了对农户适应性行为的理解。因此，利用面板数据研究农户气候变化适应性行为决策机制应当是未来农户气候变化适应性研究领域的重要方向。

# ▶ 参考文献

白秀广、陈晓楠、霍学喜，2015b，《气候变化对苹果主产区单产及全要素生产率增长的影响研究》，《农业技术经济》第 8 期。

白秀广、李纪生、霍学喜，2015a，《气候变化与中国苹果主产区空间变迁》，《经济地理》第 6 期。

蔡新玲、王繁强、吴素良，2007，《陕北黄土高原近 42 年气候变化分析》，《气象科技》第 1 期。

陈传波、丁士军，2004，《中国小农户的风险及风险管理研究》，中国财政经济出版社。

陈华、金之庆、葛道阔等，2004，《一种用于评价全球气候变化对中国南方水稻生产影响的效应模型——RCCMOD》，《江苏农业学报》第 3 期。

丑洁明、叶笃正，2006，《构建一个经济气候新模型评价气候变化对粮食产量的影响》，《气候与环境研究》第 11 期。

储成兵，2015，《农户病虫害综合防治技术的采纳决策和采纳密度研究——基于 Double‐Hurdle 模型的实证分析》，《农业技术经济》第 9 期。

崔读昌，1992，《气候变暖对我国农业生产的影响与对策》，《中国农业气象》第 2 期。

杜本峰、李碧清，2014，《农村计划生育家庭生计状况与发展能力分析——基于可持续性分析框架》,《人口研究》第 4 期。

段伟、任艳梅、冯冀等,2015,《基于生计资本的农户自然资源依赖研究——以湖北省保护区为例》,《农业经济问题》第 8 期。

段晓凤、张磊、金飞等,2014,《气象因子对苹果产量、品质的影响研究进展》,《中国农学通报》第 30 期。

樊晓春、马鹏里、党冰等,2013,《晚霜冻变化对甘肃平凉苹果冻害的影响研究》,《中国农学通报》第 31 期。

樊晓春、王位泰、杨晓华等,2010,《六盘山东西两侧苹果物候期对气候变化的响应》,《生态学杂志》第 1 期。

方一平、秦大河、丁永建,2009,《气候变化适应性研究综述——现状与趋向》,《干旱区研究》第 3 期。

冯红利,2010,《气候变化对延安地区苹果生产的影响及应对措施》,《山西果树》第 2 期。

冯伟林、李树苗、李聪,2016,《生态移民经济恢复中的人力资本与社会资本失灵——基于对陕南生态移民的调查》,《人口与经济》第 1 期。

冯晓龙、陈宗兴、霍学喜,2015,《基于分层模型的苹果种植农户气象灾害适应性行为研究》,《资源科学》第 12 期。

冯晓龙、陈宗兴、霍学喜,2016a,《干旱条件下农户适应性行为实证研究——来自 1079 个苹果种植户的调查数据》,《干旱区资源与环境》第 30 期。

冯晓龙、刘明月、霍学喜,2016b,《气候变化适应性行为及空间溢出效应对农户收入的影响》,《农林经济管理学报》第 15 期。

冯晓龙、刘明月、霍学喜,2016c,《水资源约束下专业化农户气候变化适应性行为实证研究》,《农业技术经济》第 9 期。

〔英〕弗兰克·艾利思,2006,《农民经济学》,胡景北译,上海人民出版社。

高素华、潘亚茹、郭建平,1994,《气候变化对植被生产力的影响》,《气象》第 1 期。

国家发展改革委,2011,《中国应对气候变化的政策与行动——2010 年度报告》,《财经界》第 2 期。

国家苹果产业经济研究室,2014,《苹果产业经济发展报告》,杨凌西北农林科技大学。

何仁伟、刘邵权、刘运伟等,2014,《典型山区农户生计资本评价及其空间格局——以四川省凉山彝族自治州为例》,《山地学报》第 32 期。

侯建昀、霍学喜,2016,《专业化农户农地流转行为的实证分析——基于苹果种植户的微观证据》,《南京农业大学学报》(社会科学版)第 2 期。

胡锦涛,2009,《胡锦涛在联合国气候变化峰会开幕式上的讲话》,新华网,9 月 23 日。

胡元凡、徐秀丽、齐顾波,2012,《社区层面的气候变化脆弱性和适应能力表达——以宁夏盐池县 GT 村为例》,《林业经济》第 9 期。

黄建晔、杨洪建、董桂春等,2002,《开放式空气 $CO_2$ 浓度增高对水稻产量形成的影响》,《应用生态学报》第 10 期。

吉登艳、马贤磊、石晓平,2015,《林地产权对农户林地投资行为的影响研究:基于产权完整性与安全性》,《农业经济问题》第 3 期。

金之庆、葛道阔、郑喜莲等,1996,《评价全球气候变化对我国玉米生产的可能影响》,《作物学报》第 5 期。

居辉、秦晓晨、李翔翔等,2016,《适应气候变化研究中的常见术语辨析》,《气候变化研究进展》第 1 期。

孔尚文、宗锋,2012,《气候变化对苹果生长的影响及对策研究》,《北京农业》第 36 期。

李斌、李小云、左停,2004,《农村发展中的生计途径研究与实践》，《农业技术经济》第 4 期。

李聪，2010，《劳动力外流背景下西部贫困山区农户生计状况分析——基于陕西秦岭的调查》，《经济问题探索》第 9 期。

李伏生、康绍忠、张富仓，2003，《$CO_2$ 浓度、氮和水分对春小麦光合、蒸散及水分利用效率的影响》，《应用生态学报》第 3 期。

李红，1998，《气候变暖对我国农业的影响及其对策》，《农业经济》第 12 期。

李健、刘映宁、李美荣等，2008，《陕西果树花期低温冻害特征及防御对策》，《气象科技》第 3 期。

李凯，2016，《农业面源污染与农产品质量安全源头综合治理》，博士学位论文，浙江大学。

李美荣、杜军、刘映宁等，2009，《气候变化对苹果开花期的影响分析》，《陕西农业科学》第 1 期。

李美荣、朱琳、杜继稳，2008，《陕西苹果开花期霜冻灾害分析》，《果树学报》第 5 期。

李小云、董强、饶小龙等，2007，《农户脆弱性分析方法及其本土化应用》，《中国农村经济》第 4 期。

李小云、张雪梅、周丽霞，2005，《当前中国农村的贫困问题》，《中国农业大学学报》（社会科学版）第 4 期。

李鑫、杨新军、陈佳等，2015，《基于农户生计的乡村能源消费模式研究——以陕南金丝峡乡村旅游地为例》，《自然资源学报》第 3 期。

李星敏、柏秦凤、朱琳，2011，《气候变化对陕西苹果生长适宜性影响》，《应用气象学报》第 2 期。

林而达、王京华，1997，《全球变化对中国农业的影响的模拟》，中国农业技术出版社。

林小春、高丽，2007，《联合国环境规划署：气候变化已成为安全威胁》，新华网，12 月 10 日。

刘华民、王立新、杨劼等，2013，《农牧民气候变化适应意愿及影响因素——以鄂尔多斯市乌审旗为例》，《干旱区研究》第 1 期。

刘天军、蔡起华、朱玉春，2012，《气候变化对苹果主产区产量的影响——来自陕西 6 个苹果生产基地县 210 户果农的数据》，《中国农村经济》第 5 期。

刘志超、孙智辉、曹雪梅等，2011，《黄土高原丘陵沟壑地区气候变化特点及其对农业生产的影响》，《安徽农业科学》第 24 期。

吕亚荣、陈淑芬，2010，《农民对气候变化的认知及适应性行为分析》，《中国农村经济》第 7 期。

罗卫红、Mayumi Yoshimoto、戴剑锋等，2003，《开放式空气 $CO_2$ 浓度增高对水稻冠层能量平衡的影响》，《应用生态学报》第 2 期。

Martha、杨国安，2003，《可持续研究方法国际进展——脆弱性分析方法与可持续生计方法比较》，《地球科学进展》第 1 期。

马延庆、刘新生、马文等，2011，《气候变化对咸阳苹果生产的影响及对策研究》，《干旱地区农业研究》第 2 期。

〔美〕迈克尔·P. 托达罗、史密斯著，2014，《发展经济学：第 11 版》，聂巧平等译，北京机械工业出版社。

满明俊、周民良、李同，2010，《农户采用不同属性技术行为的差异分析——基于陕西、甘肃、宁夏的调查》，《中国农村经济》第 2 期。

孟秦倩，2011，《黄土高原山地苹果园土壤水分消耗规律与果树生长响应》，博士学位论文，西北农林科技大学。

聂荣，2006，《农业风险及其规避机制的研究》，中国农业科学院博士后研究工作报告。

农业部，2010，《苹果优势区域布局规划（2008～2015 年）》，《农业工程技术（农产品加工业）》第 3 期。

农业部种植业管理司，2007，《中国苹果产业发展报告（1995～

2005)》，中国农业出版社。

潘根兴、高民、胡国华等，2011，《气候变化对中国农业生产的影响》，《农业环境科学学报》第 9 期。

潘家华、郑艳，2010，《适应气候变化的分析框架及政策涵义》，《中国人口资源与环境》第 10 期。

钱凤魁、王文涛、刘燕华，2014，《农业领域应对气候变化的适应性措施与对策》，《中国人口资源与环境》第 5 期。

秦大河、Thomas Stocker，2014，《IPCC 第五次评估报告第一工作组报告的亮点结论》，《气候变化研究进展》第 1 期。

宋春晓、马恒运、黄季焜等，2014，《气候变化和农户适应性对小麦灌溉效率影响——基于中东部 5 省小麦主产区的实证研究》，《农业技术经济》第 2 期。

苏芳、蒲欣冬、徐中民等，2009a，《生计资本与生计策略关系研究——以张掖市甘州区为例》，《中国人口资源与环境》第 6 期。

苏芳、徐中民、尚海洋，2009b，《可持续生计分析研究综述》，《地球科学进展》第 1 期。

苏一鸣，2015，《黄土高原旱地苹果园起垄覆膜垄沟覆草技术研究》，硕士学位论文，西北农林科技大学。

孙谷畴、曾小平、赵平等，2003，《空气 $CO_2$ 增高条件下荔枝叶片光合作用和超氧自由基产率》，《应用生态学报》第 3 期。

孙尚文、宗锋，2002，《气候变化对苹果生长的影响及对策研究》，《北京农业》第 24 期。

孙兆军，2009，《陕西大面积推行苹果种植保险试点》，《中国果业信息》第 4 期。

覃志豪、唐华俊、李文娟，2013，《气候变化对农业和粮食生产影响的研究进展与发展方向》，《中国农业资源与区划》第 5 期。

谭灵芝、马长发，2014，《中国干旱区农户气候变化感知及适应性行为研究》，《水土保持通报》第 1 期。

谭淑豪、谭文列婧、励汀郁等，2016，《气候变化压力下牧民的社会脆弱性分析——基于内蒙古锡林郭勒盟4个牧业旗的调查》，《中国农村经济》第7期。

唐建军，2010，《陕西灌溉用水技术效率及其影响因素研究》，硕士学位论文，西北农林科技大学。

田海成、韩明玉、李丙智等，2007，《3种管理措施对红富士苹果生长发育及品质的影响》，《西北农林科技大学学报》（自然科学版）第9期。

田素妍、陈嘉烨，2014，《可持续生计框架下农户气候变化适应能力研究》，《中国人口资源与环境》第5期。

王丹，2009，《气候变化对中国粮食安全的影响与对策研究》，博士学位论文，华中农业大学。

王静，2013，《苹果种植户技术选择行为研究》，博士学位论文，西北农林科技大学。

王倩，2009，《基于熵权法的耕地整理潜力综合评价——以兰州市为例》，硕士学位论文，甘肃农业大学。

王清源、潘旭海，2011，《熵权法在重大危险源应急救援评估中的应用》，《南京工业大学学报》（自然科学版）第3期。

王修兰、徐师华，1996，《气候变暖对土壤化肥用量和肥效影响的实验研究》，《气象》第7期。

王瑜、应瑞瑶，2008，《养猪户的药物添加剂使用行为及其影响因素分析——基于垂直协作方式的比较研究》，《南京农业大学学报》（社会科学版）第2期。

魏钦平、张强、刘松忠等，2010，《气候变化对苹果生产的影响及对策》，《发展低碳农业应对气候变化——低碳农业研讨会论文集》。

肖风劲、张海东、王春乙等，2006，《气候变化对我国农业的可能影响及适应性对策》，《自然灾害学报》第S1期。

新华网,2009,《气候变化问题》,http://news. xinhuanet. com/2009 - 11f30/content_12564836. htm。

邢鹂、黄昆,2007,《政策性农业保险保费补贴对政府财政支出和农民收入的模拟分析》,《农业技术经济》第3期。

许汉石、乐章,2012,《生计资本、生计风险与农户的生计策略》,《农业经济问题》第10期。

杨尚英、唐艳娥、肖国举,2010,《近48年来渭北旱塬气候变化对苹果生长的影响》,《中国农学通报》第12期。

杨文坎、李湘阁,2004,《气候变化对越南北方水稻生产的影响》,《南京气象学院学报》第1期。

姚升、王光宇,2014,《小麦种植户对气候变化的感知与适应性行为分析——基于安徽省的调查数据》,《农业经济与管理》第4期。

姚晓红、许彦平、秘晓东,2006,《气候变化对天水苹果生长的影响及对策研究》,《干旱地区农业研究》第4期。

殷淑燕、张钰敏、李美荣等,2011,《气候变化对洛川苹果物候期的影响》,《陕西师范大学学报》(自然科学版)第6期。

曾凡伟,2014,《基于层次 - 熵权法的地质公园综合评价——以兴文、四姑娘山、剑门关地质公园为例》,博士学位论文,成都理工大学。

张丁有,2015,《苹果晚霜冻的综合防御技术分析与评价》,硕士学位论文,山东农业大学。

张坤、王发林、刘小勇等,2011,《地面覆盖对果园土壤水热分布和果实品质的影响》,《西北农业学报》第11期。

张全武、亓伟、耿万成等,2003,《决定宁夏灌区水稻丰歉年的温度关键期及其温度指标》,《中国农业气象》第3期。

张晓山,2008,《走中国特色农业现代化道路——关于农村土地资源利用的几个问题》,《学术研究》第1期。

张旭阳，2010，《陕西苹果气候适宜性专题区划研究》，硕士学位论文，陕西师范大学。

张雪阳、朱海霞、张会新，2005，《陕西苹果产业发展现状与发展思路》，《西北大学学报》（哲学社会科学版）第 1 期。

张紫云、王金霞、黄季焜，2014a，《冻灾的发生、政策支持及农户适应性措施的采用》，《中国人口资源与环境》第 S2 期。

张紫云、王金霞、黄季焜，2014b，《农业生产抗冻适应性措施：采用现状及决定因素研究》，《农业技术经济》第 9 期。

赵立娟，2014，《干旱风险冲击下牧户生计脆弱性及其缓解机制》，《学术论坛》第 7 期。

赵文娟、杨世龙、王潇，2016，《基于 Logistic 回归模型的生计资本与生计策略研究——以云南新平县干热河谷傣族地区为例》，《资源科学》第 1 期。

赵雪雁，2011，《生计资本对农牧民生活满意度的影响——以甘南高原为例》，《地理研究》第 4 期。

赵雪雁，2014，《农户对气候变化的感知与适应研究综述》，《应用生态学报》第 8 期。

赵雪雁、薛冰，2015，《干旱区内陆河流域农户对水资源紧缺的感知及适应——以石羊河中下游为例》，《地理科学》第 12 期。

赵正永，2015，《小苹果大产业——由果农杨振仁一本账引发的思考》，农民日报，6 月 4 日。

郑国光，2009，《科学应对全球气候变暖 提高粮食安全保障能力》，《求是》第 23 期。

郑小华、刘曜武，2006，《陕西渭北苹果花芽分化期气候效应分析》，《陕西农业科学》第 2 期。

钟晓兰、李江涛、冯艳芬等，2013，《农户认知视角下广东省农村土地流转意愿与流转行为研究》，《资源科学》第 10 期。

仲俊涛、米文宝、侯景伟等，2014，《改革开放以来宁夏区域差异与空间格局研究——基于人口、经济和粮食重心的演变特征及耦合关系》,《经济地理》第 5 期。

周洁红、唐利群、李凯,2015,《应对气候变化的农业生产转型研究进展》,《中国农村观察》第 3 期。

周文魁,2012,《气候变化对中国粮食生产的影响及应对策略》,博士学位论文,南京农业大学。

朱红根,2010,《气候变化对中国南方水稻影响的经济分析及其适应策略》,博士学位论文,南京农业大学。

朱红根、周曙东,2011,《南方稻区农户适应气候变化行为实证分析——基于江西省 36 县(市)346 份农户调查数据》,《自然资源学报》第 7 期。

朱建军、胡继连、安康等,2016,《农地转出户的生计策略选择研究——基于中国家庭追踪调查(CFPS)数据》,《农业经济问题》第 2 期。

Adams, R., McCarl, B., Segerson, K., Rosenzweig, C., Bryant, K., Dixon, B., Conner, R., Evenson, R., and Ojima, D., 1999, *The Economic Effects of Climate Change on US Agriculture*. In: Mendelsohn, R., Neumann, J. (Eds.), The Impact of Climate Change on the United States Economy, Cambridge University Press, Cambridge, UK.

Adger, W. N., 2003, Social Capital, Collective Action, and Adaptation to Climate Change, *Economic Geography*, 79 (4): 387 – 404.

Aemro, T., Jemma, H., and Mengistu, K., 2012, Climate Change Adaptation Strategies of Smallholder Farmers: The Case of Babilie District, East Harerghe Zone of Oromia Regional State of Ethiopia, *Journal of Economics and Sustainable Development*, 3 (14): 1 – 13.

Akpalu, W., and Normanyo, A., 2014, Illegal Fishing and

Catch Potentials among Small Scale Fishers: Application of Endogenous Switching Regression Model, *Environment and Development Economics*, 19 (2): 156 – 172.

Antle, J. , 1983, Testing the Stochastic Structure of Production: a Flexible Moment-based Approach, *Journal of Business & Economic Statistics*, 1 (3): 192 – 201.

Antle, J. , 1995, Climate Change and Agriculture in Developing Countries, *American Journal of Agricultural Economics*, 77 (3): 741 – 746.

Antle, M. , and Capalbo, S. M. , 2001, Econometric-process Models for Integrated Assessment of Agricultural Production Systems, *American Journal of Agricultural Economics*, 83 (2): 389 – 401.

Atanu, S. , Love, H. A. , and Schwart, R. , 1994, Adoption of Emerging Technologies under Output Uncertainty, *American Journal of Agricultural Economics*, 4: 836 – 846.

Bohensky, E. L. , Smajgl, A. , and Brewer, T. , 2012, Patterns in Household-level Engagement with Climate Change in Indonesia, *Nature Climate Change*, 1762 (4): 348 – 351.

Bose, M. M. , Abdullah, A. M. , Harun, R. , Jamalani, M. A. , Elawad, R. E. , and Fallah, M. , 2014, Perception of and Adaptation to Climate Change by Farmers in the Semi-arid Zone of North-eastern Nigeria, *Journal of Environmental Science, Toxicology and Food Technology*, 8 (11): 52 – 57.

Bowes, G. , 1993, Facing the Inevitable: Plants and Increasing Atmospheric $CO_2$, *Plant Biology*, 44 (44): 309 – 332.

Brown, P. R. , Nelson, R. , Jacobs, B. , Kokic, P. , and Tracey, J. , 2010, Enabling Natural Resource Managers to Self-assess Their Adaptive Capacity, *Agricultural Systems*, 103 (8): 562 – 568.

Bruin, de. , Dellink, K. R. , and Agrawala, S. , 2009, Economic Aspects of Adaptation to Climate Change: Integrated Assessment Modelling of Adaptation Costs and Benefits, OECD Environment Working Papers, No. 6, OECD.

Burton, I. , Kates, R. W. , and White, G. F. , 1978, *The Environment as Hazard*, Oxford University Press.

Chang, C. C. , 2002, The Potential Impact of Climate Change on Taiwan's Agriculture, *Agricultural Economics*, 27: 51 – 64.

Chaudhuri, U. N. , Kirkham, M. B. , and Kanemasu, E. T. , 1990, Root Growth of Winter Wheat under Elevated Carbon Dioxide and Drought, *Crop Science*, 30: 853 – 857.

Cragg, J. G. , 1971, Some Statistical Models for Limited Dependent Variables with Application to the Demand for Durable Goods, *Econometrica*, 39 (5): 829 – 844.

Dang, H. , Elton, L. , Ian, N. , and Johan, B. , 2014, Understanding Farmers' Adaptation Intention to Climate Change: A Structural Equation Modelling Study in the Mekong Delta, Vietnam, *Environmental Science & Policy*, 41 (8): 11 – 22.

Daramola, A. Y. , Oni, O. T. , Ogundele, O. , and Adesanya, A. , 2016, Adaptive Capacity and Coping Response Strategies to Natural Disasters: A Study in Nigeria, *International Journal of Disaster Risk Reduction*, 15: 132 – 147.

Deressa, T. , Rashid, M. H. , Claudia, R. , Tekie, A. , and Mahmud, Y. , 2009, Determinants of Farmers' Choice of Adaptation Methods to Climate Change in the Nile Basin of Ethiopia, *Global Environmental Change*, 19: 248 – 255.

Dubios, D. , and Vukina, T. , 2004, Grower Risk Aversion and the Cost of MoralHazard in Livestock Production Contract, *American*

*Journal of Agricultural Economics*, 86 (3): 835 – 841.

Duncan, R., and Kumar, K., 1967, *Dynamics of Physical Systems*, McGraw-Hill.

Ellis, F., 2000, *Rural Livelihoods and Diversity in Developing Countries*, Oxford University Press, Oxford.

Ellis, F., and Freeman, H., 2005, *Rural Livelihoods and Poverty Reduction Policies*, Routledge, London.

Engle, N. L., 2011, Adaptive Capacity and its Assessment, *Global Environmental Change*, 21 (2): 647 – 656.

Fafchamps, M., Udry, C., and Czukas, K., 1998, Drought and Saving in West Africa: Are Livestock a Buffer Stock? *Journal of Development Economics*, 55 (98): 273 – 305.

Falco, D. S., and Chavas, J., 2009, On Crop Biodiversity, Risk Exposure and Food Security in the Highlands of Ethiopia, *American Journal of Agricultural Economics*, 91 (3): 599 – 611.

Falco, D. S., Veronesi, M., and Yesuf, M., 2011, Does Adaptation Provide Food Security? A Micro Perspective from Ethiopia, *American Journal of Agricultural Economics*, 93 (3): 829 – 846.

Feder, Q., Just, R. E., and Zilberman, D., 1983, Adoption of Agricultural Innovations in Developing Countries: A Survey, *Economic Development and Cultural Change*, 33 (2): 255 – 298.

Finn, G. A., and Brun, W. A., 1982, Effect of Atmospheric CO (2) Enrichment on Growth, Nonstructural Carbohydrate Content and Root Nodule Activity in Soybean, *Plant Physiology*, 69 (2): 327 – 331.

Fleischer, A., Lichtman, I., and Mendelsohn, R., 2007, Climate Change, Irrigation, and Israeli Agriculture: Will Warming be Harmful? *Ecological Economics*, 65 (3): 508 – 515.

Fosu-Mensah, B. Y., Vlek, P., and Maccarthy, D. S., 2012,

Farmers' Perception and Adaptation to Climate Change: A Case Study of Sekyedumase District in Ghana, *Environment, Development and Sustainability*, 14 (4): 495 - 505.

Foudi, S., and Erdlenbruch, K., 2012, The Role of Irrigation in Farmers' Risk Management Strategies in France, *European Review of Agricultural Economics*, 39 (3): 439 - 457.

Gallopín, G., 2006, Linkages between Vulnerability, Resilience, and Adaptive Capacity, *Global Environmental Change*, 16 (3): 293 - 303.

Gbetibouo, G., and Hassan, R., 2005, Measuring the Economic Impact of Climate Change on Major South African Field Crops: A Ricardian Approach, *Global & Planetary Change*, 47 (2 - 4): 143 - 152.

Gbetibouo, G., and Ringler, C., 2009, Mapping South African Farming Sector Vulnerability to Climate Change and Variability, A Subnational Assessment, IFPRI Discussion Paper 00885, Washington DC, International Food Policy Research Institute.

Gentle, P., and Maraseni, T., 2012, Climate Change, Poverty and Livelihoods: Adaptation Practices by Rural Mountain Communities in Nepal, *Environmental Science & Policy*, 21 (21): 24 - 34.

Goodman, D., Sorj, B., and Wilkinson, J., 1987, *From Farming to Biotechnology*, Basil Blackwell, New York.

Greene, W., 2010, *Econometric Analysis*, 7th ed, Macmillan, New York, pp. 892 - 898.

Grothmann, T., and Patt, A., 2005, Adaptive Capacity and Human Cognition: The Process of Individual Adaptation to Climate Change, *Global Environmental Change*, 15 (3): 199 - 213.

Hahn, M., Riederer, A., and Foster, S., 2009, The Livelihood Vulnerability Index: A Pragmatic Approach to Assessing Risks from

Climate Variability and Change-A Case Study in Mozambique, *Global Environmental Change*, 19 (1): 74 – 88.

Haim, D., Shechter, M., and Berliner, P., 2008, Assessing the Impact of Climate Change on Representative Field Crops in Israeli Agriculture: a Case Study of Wheat and Cotton, *Climatic Change*, 86 (3 – 4): 425 – 440.

Hammill, A., Leclerc, L., Myatt-Hirvonen, O., and Salinas, Z., 2005, *Using the Sustainable Livelihoods Approach to Reduce Vulnerability to Climate Change*, In: Robledo, C., Kanninen, M., Pedroni, L. (Eds.), Tropical Forests and Adaptation to Climate Change: Search of Synergies, *Cifor*, 71 – 96.

Hoogenboom, G., Wilkens, P., Thornton, P., Jones, J., Hunt, L., and Imamura, T., 1999, *Decision Support System for Agrotechnology Transfer v3.5.* In: Hoogenboom, G., Wilkens, P. W., Tsuji, G. Y. (Eds.), DSSAT version 3, vol. 4, University of Hawaii, Honolulu, HI, 1 – 36.

Huang, J., Wang, Y., and Wang, J., 2014, Farmers' Adaptation to Extreme Weather Events through Farm Management and its Impacts on the Mean and Risk of Rice Yield in China, *American Journal of Agricultural Economics*, 97 (2): 602 – 617.

Iglesias, A., and Minguez, M., 1997, Modelling Crop-climate Interactions in Spain: Vulnerability and Adaptation of Different Agricultural Systems to Climate Change, *Mitigation & Adaptation Strategies for Global Change*, 1 (3): 273 – 288.

Intergovernmental Panel on Climate Change (IPCC), 2001, Climate Change: The Scientific Basis, http://www.ipcc.ch/2001.

Intergovernmental Panel on Climate Change (IPCC), 2007, *Working group II summary for Policy Makers*, in: *Climate Change*

2007, Cambridge: Cambridge University Press.

Isik, M. , and Devadoss, S. , 2006, an Analysis of the Impact of Climate Change on Crop Yields and Yield Variability, *Applied Economics*, 38 (7): 835 –844.

John, M. , 2004, Adaptation Benefits and Costs: are They Important in the Global Policy Picture and How can we Estimate them? *Global Environmental Change*, 14 (3): 273 –282.

Just, R. , and Pope, R. , 1978, Stochastic Specification of Production Functions and Economic Implications, *Journal of Econometrics*, 7: 67 –86.

Just, R. , and Pope, R. , 1979, Production Function Estimation and Related Risk Considerations, *American Journal of Agricultural Economics*, 61: 276 –284.

Kabubo, M. , and Karanja, F. , 2007, The Economic Impact of Climate Change on Kenyan Crop Agriculture: A Ricardian Approach, *Global & Planetary Change*, 57 (3 –4): 319 –330.

Kaufmann, R. , and Seto, K. , 2001. Change Detection, Accuracy, and Bias in a Sequential Analysis of Landsatimagery: a Time Series Technique, *Agriculture, Ecosystems and Environment*, 85: 95 –105.

Khonje, M. , Manda, J. , Alene, A. , and Kassie, M. , 2015, Analysis of Adoption and Impacts of Improved Maize Varieties in Eastern Zambia, *World Development*, 66: 695 –706.

Kim, J. , Lee, S. , Cheong, Y. , Yoo, C. , and Lee, S. , 2001, A Novel Cold-inducible Zinc Finger Protein from Soybean, SCOF –1, Enhances Cold Tolerance in Transgenic Plants, *Plant Journal*, 25 (3): 247 –259.

Kumar, K. , and Parikh, J. , 2001, Indian Agriculture and Climate Sensitivity, *Global Environmental Change*, 11 (2): 147 –154.

Kurukulasuriya, P. , and Mendelsohn, R. , 2006, Crop Selection: Adapting to Climate Change in Africa. CEEPA Discussion Paper No. 26, Centre for Environmental Economics and Policy in Africa, South Africa: University of Pretoria.

Kurukulasuriya, P. , and Mendelsohn, R. , 2008, A Ricardian Analysis of the Impact of Climate Change on African Cropland, *Environmental & Resource Economics*, 2 (1): 1 – 36.

Lea, B. , James, D. , and Jaclyn, P. , 2011, Are we Adapting to Climate Change? *Global Environmental Change*, 21: 25 – 33.

Liu, H. , Li, X. , Fischer, G. , and Sun, L. , 2004, Study on the Impacts of Climate Change on China's Agriculture, *Climatic Change*, 65: 125 – 148.

Lobell, D. , and Asner, G. P. , 2003, Climate and Management Contributions to Recent Trends in U. S. Agricultural Yields, *Science*, 300 (5625): 1 – 17.

Lokshin, M. , and Sajaia, Z. , 2004, Maximum Likelihood Estimation of Endogenous Switching Regression Models, *Stata Journal*, 4 (3): 282 – 289.

Ma, W. , and Abdulai, A. , 2016, Does Cooperative Membership Improve Household Welfare? Evidence from Apple Farmers in China, *Food Policy*, 58: 94 – 102.

Maddison, D. , 2006, The Perception of and Adaptation to Climate Change in Africa, Washington DC: Centre for Environmental Economics and Policy in Africa, No. 10.

McCarthy, J. J. , Canziani, O. F. , Leary, N. A. , Dokken, D. J. , and White, K. S. , 2001, *Climate Change: Impacts, Adaptation, and Vulnerability: Contribution of Working Group II to the Third Assessment Report of the Intergovernmental Panel on Climate Chang*,

Cambridge University Press.

Mearns, L. O. , Rosenzweig, C. , and Goldberg, R. , 1996, The Effect of Changes in Daily and Interannual Climatic Variability on CE-RES-Wheat: A Sensitivity Study, *Climate Change*, 32: 257 – 292.

Mearns, L. O. , Rosenzweig, C. , and Goldberg, R. , 1997, Mean and Variance Change in Climate Scenarios: Mthods, Agricultural Applications, and Measures of Uncertainty, *Climatic Change*, 35 (4): 367 – 396.

Meinke, H. , Nelson, R. , Kokic, P. , Stone, R. , Selvaraju, R. , and Baethgen, W. , 2006, Actionable Climate Knowledge: from Analysis to Synthesis, *Climate Research*, 33: 101 – 110.

Mendelsohn, R. , and Dinar, A. , 2003, Climate, Water, and Agriculture, *Land Economics*, 79 (3): 328 – 341.

Mendelsohn, R. , and Reinsborough, M. , 2007, A Ricardian A-nalysis of US and Canadian Farmland, *Climatic Change*, 81 (1): 9 – 17.

Mendelsohn, R. , Dinar, A. , 1999, Climate Change, Agricul-ture, and Developing Countries: Does Adaptation Matter? *The World Bank Resource Observation*, 14 (2): 277 – 293.

Mendelsohn, R. , Nordhaus, W. , and Shaw, D. , 1994, Meas-uring the Impact of Global Warming on Agriculture, *American Econom-ics Review*, 84: 753 – 771.

Michlik, A. , and Espaldon, V. , 2008, Assessing Vulnerability of Selected Farming Communities in the Philippines Based on A Behav-ioural Model of Agent's Adaptation to Global Environmental Change, *Global Environmental Change*, 18 (4): 554 – 563.

Mika, A. , Treder, W. , Buler, Z. , and Rutkowski, K. , 2007, Attempts on Improving Light Relation and Apple Fruit Quality by Reflective Mulch, *Acta Horticulturae*, 732: 605 – 610.

Moench, M. , and Dixit, A. , 2004, Adaptive Capacity and Livelihood Resilience: Adaptive Strategies for Responding to Floods and Droughts in South Asia, *Institute for Social and Environmental Transition*, Germany.

Nelson, R. , Adger, W. , and Brown, K. , 2007a, Adaptation to Environmental Change: Contributions of a Resilience Framework, *Annual Review of Environment and Resources*, 32: 395 – 419.

Nelson, R. , Brown, P. R. , Darbas, T. , Kokic, P. , and Cody, K. , 2007b, The Potential to Map the Adaptive Capacity of Australian Land Managers for NRM Policy using ABS data, CSIRO, Australian Bureau of Agricultural and Resource Economics, Prepared for the National Land & Water Resources Audit.

Nelson, R. , Kokic, P. , Crimp, S. , Martin, P. , and Meinke, H. , 2010, The Vulnerability of Australian Rural Communities to Climate Variability and Change: Part II-Integrating Impacts with Adaptive Capacity, *Environmental Science & Policy*, 13 (1): 18 – 27.

Nhemachena, C. , and Hassan, R. , 2007, Micro-level Analysis of Farmer' Adaptation to Climate Change in Southern Africa, IFPRI Discussion Paper, International Food Policy Research Institute, No. 00714, Washington DC.

Okada, M. , Lieffering, M. , Nakamura, H. , Yoshimoto, M. , and Kim, H. , 2001, Free-air $CO_2$, Enrichment (FACE) using Pure $CO_2$, Injection: System Description, *New Phytologist*, 150 (2): 251 – 260.

Olale, E. , and Cranfield, J. A. , 2009, The Role of Income Diversification, Transaction Cost and Production Risk in Fertilizer Market Participation, Working papers 49929, International Association of Agricultural Economists, 16 – 22.

Ole, M. , Cheikh, M. , Anette, R. , and Awa, D. , 2009, Farmers' Perceptions of Climate Change and Agricultural Adaptation Strategies in Rural Sahel, *Environmental Management*, 43: 804 – 816.

O'Brien, K. , Eriksen, S. , Sygna, L. , and Naess, L. O. , 2006, Questioning Complacency: Climate Change Impacts, Vulnerability, and Adaptation in Norway, *Ambio*, 35 (2): 50 – 56.

Park, S. , Howden, M. , and Crimp, S. , 2012, Informing Regional Level Policy Development and Actions for Increased Adaptive Capacity in Rural Livelihoods, *Environmental Science & Policy*, 15 (1): 23 – 37.

Passel, S. V. , Massetti, E. , and Mendelsohn, R. , 2012, A Ricardian Analysis of the Impact of Climate Change on European Agriculture, *Ssrn Electronic Journal*, 68 (1): 1 – 36

Passel, S. V. , Massetti, E. , and Mendelsohn, R. , 2016, A Ricardian Analysis of the Impact of Climate Change on Europe Agriculture, *Environmental and Resource Economics*, 3: 1 – 30.

Peng, S. , Huang, J. , Sheehy, J. , Laza, R. , Visperas, R. , Zhong, X. , Centeno, G. , Khush, G. , Cassman, K. , 2004, Rice Yields Decline with Higher Night Temperature from Global Warming, *Proc. National Academies of Science USA*.

Piya, L. , Maharjan, K. , Joshi, N. P. , 2012, Comparison of Adaptive Capacity and Adaptation Practices in Response to Climate Change and Extremes among the Chepang Households in Rural Mid-Hills of Nepal, *Journal of International Development & Cooperation*, 18: 55 – 75.

Rawadee, J. , and Areeya, M. , 2011, Adaptive Capacity of Households and Institutions in Dealing With Floods in Chiang Mai, Thailand, *Economy and Environment Program for Southeast Asia*, *Philippines*.

Reneth, M. , and Charles, N. , 2007, Assessment of the Economic Impacts of Climate Change on Agriculture in Zimbabwe: A Ricardian Approach, *The World Bank Development Research Group.*

Ricardo D. , 1817, On the Principles of Political Economy and Taxation, Rod Hay's Active for the History of Economic Thought, McMaster University, Canada.

Robert, F. , and Stephanie, S. , 2007, The Impact of Climate Change on Mean and Variability of Swiss Corn Production, www. iaw. agrl. ethz. ch/research/publikationen/Finger_ Schmid_ Nov2007. pdf.

Schultz, T. W. , 1964, Transforming Traditional Agriculture, New Haven, CT: Yale University Press: 32 – 175.

Scott, M. , Elizabeth, M. , Marcel, A. , Paul, H. , Michael, L. , and Kelly, D. R. , 2012, Agricultural Adaptation to a Changing Climate Economic and Environmental Implications Vary by U. S. Region Economic, USDA.

Seo, N. , and Mendelsohn, R. , 2007, An Analysis of Crop Choice: Adapting to Climate Change in Latin American Farms, *World Bank Policy Research.*

Seo, N. , and Mendelsohn, R. , 2008, A Ricardian Analysis of the Impact of Climate Change on South American farms, *Chilean Journal of Agricultural Research*, 68 (1): 69 – 79.

Seo, N. , Mendelsohn, R. , and Munasinghe, M. , 2005, Climate Change and Agriculture in Sri Lanka: A Ricardian Valuation, *Environmental and Development Economics*, 10 (5): 581 – 596.

Sharma, N. C. , Sharma, S. D. , and Verma, S. , 2014, Impact of Changing Climate on Apple Production in Kotkhai Area of Shimla District, Himachal Pradesh, *International Journal of Farm Sciences*, 3 (1): 81 – 90.

Sharp, K. , 2003, Measuring Destitution: Integrating Qualitative and Quantitative Approaches in the Analysis of Survey Data, *Institute of Development Studies*.

Shiferaw, B. , Kassie, M. , Jaleta, M. , and Yirga, C. , 2014, Adoption of Improved Wheat Varieties and Impacts on Household Food Security in Ethiopia, *Food Policy*, 44 (1): 272 – 284.

Smit, B. , and Johanna, W. , 2006, Adaptation, Adaptive Capacity and Vulnerability, *Global Environmental Change*, 16 (3): 282 – 292.

Smit, B. , and Skinner, M. W. , 2002, Adaptation Options in Agriculture to Climate Change: A Typology, *Mitigation & Adaptation Strategies for Global Change*, 7 (7): 85 – 114.

Smit, B. , Burton, I. , Klein, R. , Wnadel, J. , 2000, The Anatomy of Adaptation to Climate Change and Variability, *Climate Change*, 45 (1): 223 – 251.

Smit, B. , Burton, I. , Klein, R. J. , Street, R. , 1999, The Science of Adaptation: A Framework for Assessment, *Mitigation and Adaption Strategies for Global Change*, 3: 199 – 213.

Smith, J. , Ragland, S. , and Pitts, G. , 1996, A Process for Evaluating Anticipatory Adaptation Measures for Climate Change, *Water, Air, & Soil Pollution*, 92 (1): 229 – 238.

Tazeze, A. , Haji, J. , and Ketema, M. , 2012, Climate Change Adaptation Strategies of Smallholder Farmers: The Case of Babilie District, East Harerghe Zone of Oromia Regional State of Ethiopia, *Journal of Economics & Sustainable Development*, 3 (14): 1 – 12.

Teshome, M. , 2016, Rural Households' Agricultural Land Vulnerability to Climate Change in Dembia Woreda, Northwest Ethiopia, *Environmental Systems Research*, 5 (1): 1 – 18.

Theu, J. , Chavula, G. , and Elias, C. , 1996, *How Climate*

*Change Adaptation Options Fit within the UNFCCC National Communication and National Development Plans*, Adapting to Climate Change, p97 - 104, New York: Springer.

Truelove, H. , Amanda, R. , and Lanka, T. , 2015, A Sociopsychological Model for Analyzing Climate Change Adaptation: A Case Study of Sri Lankan Paddy Farmers, *Global Environmental Change*, 31: 85 - 97.

United States Department of Agriculture ( USDA ) , 2012, Agricultural Adaptation to a Changing Climate Economic and Environmental Implications Vary by U. S. Region.

Venkateswarlu, B. , and Shanker, A. K. , 2009, Climate Change and Agriculture: Adaptation and Mitigation Strategies, *Indian Journal of Agronomy*, 54 ( 2 ): 226 - 230.

Wang, J. , Huang, J. , Zhang, L. , and Li, Y. , 2014, Impacts of Climate Change on Net Crop Revenue in North and South China, *China Agricultural Economic Review*, 6 ( 18 ): 358 - 378.

Wang, J. , Mendelsohn, R. , Dinar, A. , and Huang, J. K. , 2009, The Impact of Climate Change on China's Agriculture, *Agricultural Economics*, 40 ( 3 ): 323 - 337.

Wang, Y. J. , Huang, J. K. , and Wang, J. X. , 2014, Household and Community Assets and Farmers' Adaptation to Extreme Weather event: The Case of Drought in China, *Journal of Integrative Agriculture*, 13 ( 4 ): 687 - 697.

Warnera, B. P. , Christopher, K. , Mariel, G. , Daniel, L. , 2015, Limits to Adaptation to Interacting Global Change Risks among Smallholder Rice Farmers in Northwest Costa Rica, *Global Environmental Change*, 30: 101 - 112.

Xie, Y. , Gong, P. , Han, X. , and Wen, Y. , 2014, The Effect of Collective Forestland Tenure Reform in China: Does Land Parcelization Reduce Forest Management Intensity? *Journal of Forest Economics*, 20 (2): 126 - 140.

Yesuf, M. , Falco, D. , Deressa, T. , Ringler, C. , and Kohlin, G. , 2008, The Impact of Climate Change and Adaptation on Food Production in Low-income Countries: Evidence from the Nile Basin, Ethiopia, Discussion Paper 828, International Food Policy Research Institute, Washington DC.

You, L. Z. , Rosegrant, M. W. , Fang, C. , and Stanley, W. , 2005, Impact of Global Warming on Chinese Wheat Productivity, EPT Discussion Paper 143.

# ▶附　录

## 附录1　农户调查问卷

农户编码：_____

| 自查 | 互查 | 队长 |
|------|------|------|
|      |      |      |

| 是否遭受气象灾害 |  |
|------------------|--|
| 是否为合作社社员 |  |

### 苹果种植户气候变化适应性调查问卷

尊敬的果农朋友您好，我们是西北农林科技大学"苹果产业经济研究"课题组成员。本次调查数据仅用于学术研究和相关政策报告撰写。您的相关信息将被严格保密，谢谢您的配合！

省：_____

县：_____

乡：_____

村：_____

受访者姓名：_____

受访者电话：_____

调查员姓名：_____

调查日期：_____年_____月_____日

### 一、苹果种植户基本情况

1. 受访者性别：1 = 男　0 = 女，年龄：_____岁；户主性别：1 = 男　0 = 女，年龄：_____岁，上学年限：_____年。

2. 户主曾经社会经历（可多选）：0 = 普通农户　1 = 村委会干部　2 = 党员　3 = 苹果经纪人　4 = 合作社干部　5 = 其他_____。

3. 您家中共有_____口人，其中：种植苹果的劳动力有_____人，外出打工有_____人，您家种植苹果年限：_____年。

4. 您家是否有电脑？　　　　1 = 是　0 = 否；如果是，每年的网费为_____元。

5. 您家是否有手机？　　　　1 = 是　0 = 否；如果是，户主每年的话费为_____元，手机联系人有_____人。

6. 您家是否订阅报纸？　　　1 = 是　0 = 否；如果是，每年的订阅费为_____元。

7. 您家是否有固定电话？　　1 = 是　0 = 否；如果是，每年的话费为_____元。

8. 您家到最近的通村车站点多远？_____里。

9. 假设现在举行一个抽奖活动，您的选择是_____（**提问提示**：假设现在举行一个抽奖活动，您可以选择抽奖，也可以选择不抽奖；1. 如果您选择抽奖，或者您可以得到 100 元，或者 1 分钱得不到；2. 如果您选择不抽奖，您将确定得到 50 元；3. 或者，您认为抽奖与不抽奖没有任何差异。）1 = 抽奖　2 = 不抽奖　3 = 无所谓抽不抽奖

### 二、生产情况

（一）2014 年土地基本情况

1. 您家现有土地_____亩，苹果种植总面积_____亩，地块数_____块，其中挂果园_____亩（其中，租赁地_____亩，租赁费为_____元/亩/年，租赁期限_____年），幼园_____亩

（其中，租赁地_____亩，租赁费_____元/亩/年，租赁期限_____年）。

2. 果园基本情况：

| 地块编码（按面积大小排列） | 地块面积 | 离家距离 | 土地来源 | 能否灌溉 | 灌溉水来源 | 土地类型 | 苹果品种 | 平均树龄 | 栽培方式 | 树形 | 种植密度 |
|---|---|---|---|---|---|---|---|---|---|---|---|
| | 亩 | 里 | 代码1 | 1=是 0=否 | 代码2 | 代码3 | 代码4 | 年 | 1=乔化 0=矮化 | 代码5 | 株/亩 |
| 1 | | | | | | | | | | | |
| 2 | | | | | | | | | | | |
| 3 | | | | | | | | | | | |

代码1：1=分到的地；2=村集体预留地；3=开荒地；4=转入；5=换地
代码2：1=地表水；2=地下水；3=地表及地下水；4=无
代码3：1=平地；2=坡地；3=川台地；4=塬地
代码4：1=早熟苹果；2=富士；3=晚熟苹果
代码5：1=纺锤形；2=小冠开心形；3=小冠疏层形；4=主干分层形

（二）适应性措施投入（注：自用工包括亲友帮工、换工）

1. 灌溉投入（**代码1**：1=大水漫灌；2=滴水灌溉；3=喷灌；4=穴灌；5=沟灌；6=其他_____）

1.1　近三年是否灌溉？1=是（请填写下表）；0=否（**跳至1.2**）

| 年份 | 建设费 | 灌溉面积 | 灌溉时间 | 灌溉方式 | 灌溉次数 | 水电油费 | 自用工量 | 雇工量 | 用工单价 |
|---|---|---|---|---|---|---|---|---|---|
| | 元 | 亩 | 月份 | 代码1 | 次/年 | 总金额 | 工/次 | 工/次 | 元/天 |
| 2014 | | | | | | | | | |
| 2013 | | | | | | | | | |
| 2012 | | | | | | | | | |

1.2　您家不灌溉的原因？

1=气象灾害（干旱、冻灾）影响小，没必要；2=灌溉成本太高；3=想采用但没条件；4=其他_____

1.3　您未来是否会灌溉？　　1=是；0=否

2. 措施采用情况（注：若有一年采用，请对效果进行评价，并忽略最后两行问题；若三年均未采用请回答最后两行的问题）

| 年份 | 放烟 | | 人工授粉 | | | 防冻剂 | | | 黑地膜 | | | 人工种草（铺秸秆） | | |
|---|---|---|---|---|---|---|---|---|---|---|---|---|---|---|
| | 次数 | 用工 | 面积 | 用工 | 金额 | 面积 | 用工 | 金额 | 面积 | 用工 | 金额 | 面积 | 用工 | 金额 |
| | 次 | 工 | 亩 | 工 | 元 | 亩 | 工 | 元 | 亩 | 工 | 元 | 亩 | 工 | 元 |
| 2014 | | | | | | | | | | | | | | |
| 2013 | | | | | | | | | | | | | | |
| 2012 | | | | | | | | | | | | | | |
| 亲友采用比例 | | | | | | | | | | | | | | |
| 效果评价 | | | | | | | | | | | | | | |
| 若否，未采用原因 | | | | | | | | | | | | | | |
| 若否，未来是否采用 | | | | | | | | | | | | | | |

注：效果评价：1 = 非常差；2 = 比较差；3 = 一般；4 = 比较好；5 = 非常好
　　未采用原因：1 = 没有必要；2 = 不了解；3 = 成本太高；4 = 想采用但没条件（没设施、买不到）；5 = 其他＿＿＿＿

（三）苹果销售收益情况

1. 您家近三年是否有借贷？1 = 是，最多的一次借款从哪借的＿＿＿＿，借款金额＿＿＿＿元；0 = 否

1 = 信用社或银行贷款　2 = 高利贷　3 = 亲戚、朋友

2. 苹果收入（注：残次果包括下检果和落地果）

| 年份 | 品种 | 80mm | | 75mm | | 70mm | | 65mm | | 残次果 | |
|---|---|---|---|---|---|---|---|---|---|---|---|
| | | 单价 | 数量 | 单价 | 数量 | 单价 | 数量 | 单价 | 数量 | 数量 | 金额 |
| | | 元/斤 | 斤 | 元/斤 | 斤 | 元/斤 | 斤 | 元/斤 | 斤 | 斤 | 元 |
| 2014 | 早熟品种 | | | | | | | | | | |
| | 富士 | | | | | | | | | | |
| | 品种（　） | | | | | | | | | | |
| 2013 | 早熟品种 | | | | | | | | | | |
| | 富士 | | | | | | | | | | |
| | 品种（　） | | | | | | | | | | |

续表

| 年份 | 品种 | 80mm | | 75mm | | 70mm | | 65mm | | 残次果 | |
|---|---|---|---|---|---|---|---|---|---|---|---|
| | | 单价 | 数量 | 单价 | 数量 | 单价 | 数量 | 单价 | 数量 | 数量 | 金额 |
| | | 元/斤 | 斤 | 元/斤 | 斤 | 元/斤 | 斤 | 元/斤 | 斤 | 斤 | 元 |
| 2012 | 早熟品种 | | | | | | | | | | |
| | 富士 | | | | | | | | | | |
| | 品种（ ） | | | | | | | | | | |

## 3. 其他收入

| 年份 | 粮食作物收入 | 养殖收入 | 自营工商业 | | 家庭工资收入 | 种植业补贴 | 苹果补贴 | | 人情往来收入 | 财产性收入（租金、利息） |
|---|---|---|---|---|---|---|---|---|---|---|
| | 金额 | 金额 | 类型 | 金额 | 金额 | 金额 | 类型 | 金额 | 金额 | 金额 |
| | 元 | 元 | **代码1** | 元 | 元 | 元 | **代码2** | 元 | 元 | 元 |
| 2014 | | | | | | | | | | |
| 2013 | | | | | | | | | | |
| 2012 | | | | | | | | | | |

代码1（可多选）：1＝小卖部；2＝修理部；3＝理发店；4＝苹果经纪人；5＝其他_____

代码2（可多选）：1＝果袋；2＝化肥；3＝农药；4＝防雹网；5＝杀虫灯；6＝粘虫板；7＝黑地膜；8＝其他_____

## 三、气候变化适应性

### （一）气候变化情况

| 序号 | 题目 | 选项 | 答案 |
|---|---|---|---|
| 1 | 您自己通过哪些方式获取天气变化信息？（可多选） | 1＝电视；2＝网络；3＝广播；4＝手机短信；5＝打电话；6＝其他 | |
| 2 | 您通过哪些渠道了解气象灾害信息？**（可多选）** | 1＝邻居；2＝亲戚朋友；3＝农资店；4＝公司或合作社；5＝果业部门；6＝村委会；7＝其他果农（除邻居） | |
| 3 | 您自己通过哪些方式了解应对气象灾害的措施与技术（如覆膜、喷打防冻剂等）？**（可多选）** | 1＝电视；2＝网络；3＝广播；4＝手机短信；5＝报纸；6＝打电话；7＝其他 | |

| 序号 | 题目 | 选项 | 答案 |
|---|---|---|---|
| 4 | 您通过哪些渠道了解应对气象灾害的措施与技术（如覆膜、喷打防冻剂等）？（可多选） | 1 = 邻居；2 = 亲戚朋友；3 = 农资店；4 = 公司或合作社；5 = 果业部门；6 = 村委会；7 = 其他果农（除邻居） | |
| 5 | 近五年以来的年平均气温怎么变化？ | 1 = 升高；2 = 不变；3 = 降低 | |
| 6 | 近五年以来的年平均降水怎么变化？ | 1 = 增加；2 = 不变；3 = 减少 | |
| 7 | 近五年以来的干旱发生次数？ | 1 = 增多；2 = 不变；3 = 减少 | |
| 8 | 近五年以来的干旱严重程度？ | 1 = 加重；2 = 不变；3 = 减轻 | |
| 9 | 近五年以来的霜冻发生次数？ | 1 = 增多；2 = 不变；3 = 减少 | |
| 10 | 近五年以来的霜冻严重程度？ | 1 = 加重；2 = 不变；3 = 减轻 | |
| 11 | 近五年，苹果种植关键期（开花期、膨大期）的气候变化恶劣，影响了苹果生产 | 1 = 是；0 = 否 | |
| 12 | 当地是否宣传有关气象灾害的相关知识（信息、技术）？ | 1 = 是；0 = 否 | |
| 13 | ——如果"是"，谁宣传？（可多选） | 1 = 公司或合作社；2 = 果业部门；3 = 邻居；4 = 亲戚朋友；5 = 农资店；6 = 村委会；7 = 其他果农（除邻居）；8 = 气象局；9 = 通信公司 | |
| 14 | 在发生气象灾害前是否收到相关灾害预防信息？ | 1 = 是；0 = 否 | |
| 15 | ——如果"是"，谁提供？（可多选） | 1 = 公司或合作社；2 = 果业部门；3 = 邻居；4 = 亲戚朋友；5 = 农资店；6 = 村委会；7 = 其他果农（除邻居）；8 = 气象局；9 = 通信公司 | |
| 16 | 当地是否提供与应对气象灾害相关的技术培训（如覆膜、种草、人工授粉、防冻剂）？ | 1 = 是；0 = 否 | |
| 17 | ——如果"是"，谁培训？（可多选） | 1 = 公司或合作社；2 = 果业部门；3 = 农资店；4 = 农技人员；5 = 科研院所或试验站；6 = 其他 | |
| 18 | ——如果"是"，培训方式是？（可多选） | 1 = 现场示范；2 = 上理论课（发放材料）；3 = 其他 | |
| 19 | ——如果"是"，您是否参加？ | 1 = 是，2014 年参加　次；0 = 否 | |

| 序号 | 题目 | 选项 | 答案 |
|---|---|---|---|
| 20 | 当地是否有针对气象灾害应对措施的扶持（资金、免费发放（黑地膜、草种等））？（请在项目上打勾） | 1 = 是；0 = 否 | |
| 21 | ——如果"是"，谁扶持？（**可多选**） | 1 = 公司或合作社；2 = 果业部门；3 = 农资店；4 = 其他政府部门 | |
| 22 | 您认为在应对气象灾害过程中，最缺乏什么？ | 1 = 气象信息；2 = 资金；3 = 技术；4 = 设施；5 = 其他 | |

23. 苹果开花期情况：（影响程度选项：1 = 非常不严重；2 = 不严重；3 = 一般；4 = 严重；5 = 非常严重）

| 年份 | 开花期低温情况（四月份） | | 冻害（开花期） | | |
|---|---|---|---|---|---|
| | 总天数 | 影响程度 | 总天数 | 受灾面积 | 影响程度 |
| 2014 | | | | | |
| 2013 | | | | | |
| 2012 | | | | | |

24. 苹果膨大期情况：（影响程度选项：1 = 非常不严重；2 = 不严重；3 = 一般；4 = 严重；5 = 非常严重）

| 年份 | 膨大期高温情况（七八月份） | | 干旱（七八月份） | | |
|---|---|---|---|---|---|
| | 总天数 | 影响程度 | 总天数 | 受灾面积 | 影响程度 |
| 2014 | | | | | |
| 2013 | | | | | |
| 2012 | | | | | |

（二）气候变化认知

1. 气候变化感知与适应意愿（选项：1 = 非常不同意；2 = 比较不同意；3 = 一般；4 = 比较同意；5 = 非常同意）

| 序号 | 题目 | 1 | 2 | 3 | 4 | 5 |
|---|---|---|---|---|---|---|
| | 气候变化感知 | | | | | |
| 1 | 近五年年平均气温升高 | | | | | |
| 2 | 近五年年降水量减少（苹果关键生长期） | | | | | |
| 3 | 近五年干旱的发生次数增多 | | | | | |
| 4 | 近五年干旱的严重程度加重 | | | | | |
| 5 | 近五年冻灾的发生次数增多 | | | | | |
| 6 | 近五年冻灾的严重程度加重 | | | | | |
| | 气候变化影响感知 | | | | | |
| 7 | 气候变化影响生产性投资（化肥、农药施用量） | | | | | |
| 8 | 气候变化影响苹果产量 | | | | | |
| 9 | 气候变化影响苹果质量 | | | | | |
| 10 | 气候变化影响苹果收入 | | | | | |
| | 未来气候变化感知 | | | | | |
| 11 | 未来五年年平均气温升高 | | | | | |
| 12 | 未来五年年平均降水量减少 | | | | | |
| 13 | 未来五年干旱发生程度加剧 | | | | | |
| 14 | 未来五年霜冻发生次数频发 | | | | | |
| | 适应意愿 | | | | | |
| 15 | 您未来会采用应对低温的措施 | | | | | |
| 16 | 您未来会采用应对高温的措施 | | | | | |
| 17 | 您未来会采用应对干旱的措施 | | | | | |
| 18 | 您未来会采用应对冻灾的措施 | | | | | |

2. 社会网络（1）和您经常来往的人有____人。（2）请根据自身情况就与您经常来往的人所从事的职业作答（包括亲戚朋友在内）？

单位：人

| 分类 | 村干部 | 苹果代办 | 农资销售商 | 农技推广员 | 合作社干部 | 信贷员 | 普通果农 |
|---|---|---|---|---|---|---|---|
| 人数 | | | | | | | |

## 四、组织参与情况

| 序号 | 题目 | 选项 | 答案 |
|---|---|---|---|
| 1 | 您在苹果种植过程中担心的问题是什么？（**可多选**） | 1 = 气象灾害　2 = 病虫害　3 = 生产成本高　4 = 销售渠道　5 = 苹果价格低　6 = 农资质量　7 = 缺乏技术　8 = 缺乏资金　9 = 灌溉困难　10 = 缺乏劳动力　11 = 其他_____ | |
| 2 | 您是否参加农民合作社或果农协会？ | 1 = 是　0 = 否 | |

## 五、家庭资产与消费支出

### 1. 机械及其他生产设备购置和修理费

| 种类 | 购买时间 | 政府补贴（元） | 自己花费金额 | 每年修理费 |
|---|---|---|---|---|
| 拖拉机（手扶机） | | | | |
| 三轮车（蹦蹦车） | | | | |
| 施肥开沟机 | | | | |
| 旋耕机 | | | | |
| 打药机（药泵 + 带） | | | | |
| 割草机 | | | | |
| 沼气池 | | | | |
| 集雨设施（水窖） | | | | |

### 2. 家庭住房与耐用品拥有情况

| 序号 | 项目 | 数量 | 购买/建造年份（近1次） | 购买市价（近1次） |
|---|---|---|---|---|
| 1 | 住房（住房面积：_____平方米） | | | |
| 2 | 卡车 | | | |
| 3 | 轿车 | | | |
| 4 | 彩色电视机 | | | |
| 5 | 电冰箱或冰柜 | | | |
| 6 | 洗衣机 | | | |
| 7 | 摩托车 | | | |
| 8 | 电动车/电瓶车 | | | |

| 序号 | 项目 | 数量 | 购买/建造年份<br>（近1次） | 购买市价<br>（近1次） |
|---|---|---|---|---|
| 9 | 电脑 | | | |
| 10 | 照相机等数码设备 | | | |
| 11 | 空调 | | | |

### 3. 2014 年家庭生活支出情况

| 序号 | 家庭支出类别 | 金额 | 序号 | 家庭支出类别 | 金额 |
|---|---|---|---|---|---|
| 1 | 总家庭生活支出 | | 7 | 教育和文化支出 | |
| 2 | 家庭食品消费额 | | 8 | 房屋修缮支出 | |
| 3 | 家庭衣着支出 | | 9 | 保险类支出 | |
| 4 | 购买日常用品、家电、水电费的支出 | | 10 | 赡养支出 | |
| 5 | 医疗保健支出 | | 11 | 礼品和礼金支出 | |
| 6 | 交通支出（含油费、保险费） | | 12 | 其他支出 | |

## 六、保险

1. 近五年来，您家果园遭受各类自然灾害的次数为？

1 = 涝灾，_____次；2 = 风灾，_____次；3 = 旱灾，_____次；4 = 冰雹，_____次；5 = 霜冻，_____次；6 = 雪灾，_____次；7 = 其他_____，_____次。

2. 近五年来，因受自然灾害的影响，您家苹果产量损失超过70% 的有_____年，在 50% ~ 70% 的有_____年，在 30% ~ 50% 的有_____年，在 10% ~ 30% 的有_____年。

3. 您家采取的预防灾害措施有哪些？（多选）

1 = 放烟；2 = 防冻剂；3 = 黑地膜；4 = 人工种草或铺秸秆；5 = 防雹网；6 = 雾化防冻器；7 = 其他_____

4. 对苹果保险的了解程度？

1 = 从没听说过；2 = 听说过，具体不了解；3 = 一般；4 = 比较了解；5 = 非常了解

5. 您了解苹果保险的渠道是？

1 = 村委会；2 = 果业部门；3 = 政府宣传；4 = 保险公司宣传；5 = 电视、网络和广播；6 = 亲戚朋友；7 = 其他_____

6. 2012～2014 年，您家购买过苹果保险吗？

1. 是，最近投保是_____年；2. 否

**【请调查员观察受访对象的如下情况】**

受访者的理解能力：很差—1—2—3— 4—5 很好

受访者的表达能力：很差—1—2—3—4—5 很好

受访者的健康状况：很差—1—2—3—4—5 很好

受访者的配合程度：很差—1—2—3—4—5 很好

受访者的信息可信程度：很差—1—2—3—4—5 很好

# 附录2　村庄调查问卷

村级编码：_____

尊敬的果农朋友您好，我们是西北农林科技大学"苹果产业经济研究"课题组成员。本次调查数据仅用于学术研究和相关政策报告撰写。您的相关信息将被严格保密，谢谢您的配合！

省：_____

县：_____

乡：_____

村：_____

受访者姓名：_____

受访者身份：_____

电话号码：_____

调查员姓名：_____

调查日期：_____年_____月_____日

**A　村庄基本情况**

1. 本行政村（以下简称本村）农户_____户，其中苹果种植户_____户，加入合作社的农户_____户

2. 本村成年劳动力人数（年龄在 18 岁以上 60 岁以下）_____人，高中以上文化程度劳动力数量_____人，职业农民_____人

3. 2014 年，本村不种地人数占比_____%，外出打工人数占比_____%，在村里做生意的人_____人，本村村民的人均收入_____元

4. 本村的土地面积情况

单位：亩

| 类型 | 宅基地面积 | 总耕地面积 | 平地面积 | 山地面积 | 粮食作物面积 | 苹果种植总面积 | 挂果园面积 |
|------|-----------|-----------|---------|---------|-------------|--------------|-----------|
| 土地面积 | | | | | | | |

5. 本村所种植苹果不同品种的面积比例：早熟品种（嘎啦、红星等）_____%，富士品种_____%，晚熟品种（秦冠）_____%

**B　村庄基础设施**

1. 本村冷库库容量_____；苹果经纪人数量_____；苹果收购站数量_____

2. 本村苹果加工企业数量_____；苹果包装企业数量_____；苹果客商数量_____；农资供应点数量_____

3. 本村到省会的距离_____里；到县城的距离_____里；到镇政府所在地的距离_____里

4. 本村到最近的国道或高速公路距离_____里；到最近的苹果收购站距离____里；到最近的农资供应点的距离_____里；到最近的信用社网点距离_____里；到县级医院的距离_____里

5. 本村机井数_____个；灌溉渠道长度_____米；实际灌溉

面积占总面积比重_____%

6. 村内水泥路长度_____里；村内柏油路长度_____里；村内砂石路长度_____里

7. 本村农业生产用电价格_____元/度；生产用水价格_____元/吨；苹果园租赁价格_____元/亩/年；耕地租赁价格_____元/亩/年

**C　村庄气象情况**

1. 2012～2014年气候变化发生情况：影响程度：1＝非常不严重；2＝不严重；3＝一般；4＝严重；5＝非常严重

| 年份 | 花期低温（四月份） | | 苹果生长期高温（七八月份） | |
|---|---|---|---|---|
| | 天数 | 影响程度 | 天数 | 影响程度 |
| 2014 | | | | |
| 2013 | | | | |
| 2015 | | | | |

2. 2012～2014年村庄遭受灾害面积占比（％）：影响程度：1＝非常不严重；2＝不严重；3＝一般；4＝严重；5＝非常严重

| 年份 | 冻灾 | | 干旱 | | 冰雹 | | 涝灾 | | 病虫害 | | 其他_____ | |
|---|---|---|---|---|---|---|---|---|---|---|---|---|
| | 面积占比 | 影响程度 | 面积占比 | 影响程度 | 面积占比 | 影响程度 | 面积占比 | 影响程度 | 面积占比 | 影响程度 | 面积占比 | 影响程度 |
| 2014 | | | | | | | | | | | | |
| 2013 | | | | | | | | | | | | |
| 2012 | | | | | | | | | | | | |

2a. 相对于2013年，2014年受灾减产比例_____。

3. 村庄生产资料供给【可多选】

| 生产资料 | 农家肥 | 防冻剂 | 花粉 | 黑地膜 | 草种 | 防雹网 |
|---|---|---|---|---|---|---|
| 供给方【代码1】 | | | | | | |

代码1：1＝公司基地；2＝合作社；3＝政府；4＝本村农资店；5＝本村以外的农资店；6＝个人（非农资店）；7＝其他

4. 2012～2014 年村庄农户采用应对气象灾害措施面积占比（%）

| 年份 | 放烟 | 防冻剂 | 人工授粉 | 覆膜 | 水窖（蓄水池） | 人工种草 | 防雹网 |
|------|------|--------|----------|------|----------------|----------|--------|
| 2014 |      |        |          |      |                |          |        |
| 2013 |      |        |          |      |                |          |        |
| 2012 |      |        |          |      |                |          |        |

5. 村庄是否有气象服务？　　1 = 是；0 = 否

6. 村庄是否宣传气候变化适应性措施的知识？　　1 = 是；0 = 否

7. 村庄是否提供灾害预警和防治信息？　　1 = 是；0 = 否

8. 村庄是否有灾前预防性措施提醒？　　1 = 是；0 = 否

9. 村庄是否有灾后补救性措施提醒？　　1 = 是；0 = 否

10. 政府是否对气象灾害应对措施进行补贴？　　1 = 是；0 = 否

11. 政府是否为本村提供苹果灾害保险？　　1 = 是，实施_____年；0 = 否

12. 本村是否为苹果保险试点？　　1 = 是；0 = 否

13. 村庄是否有应对气象灾害的技术培训（覆膜、防冻剂）？

1 = 是，谁培训？_____；0 = 否

1 = 公司或合作社；2 = 政府果业部门；3 = 农资店；4 = 村委会；5 = 其他_____

### D　政策扶持

1. 政府是否对本村提供资金信贷服务（如生产低息贷款）？

1 = 有　0 = 否

资金服务是否有用？　　1 = 完全没用　2 = 比较没用　3 = 一般　4 = 比较有用　5 = 非常有用

2. 本村是否有广播站？　　1 = 是　0 = 否；

若是，是否播放与苹果种植、销售有关的信息？　　1 = 是　0 = 否

3. 本村技术供给情况:

| 技术项目 | 苗木栽培技术 | 果园修剪整形技术 | 套袋后期管理技术 | 土肥水一体化管理技术 | 疏花疏果管理技术 | 病虫害防治技术 | 灌溉技术 | 施肥技术 | 气象灾害应对技术 | 采摘技术 |
|---|---|---|---|---|---|---|---|---|---|---|
| 是否有? | | | | | | | | | | |
| 供给主体(代码1) | | | | | | | | | | |
| 培训次数(次/年) | | | | | | | | | | |

代码1:1=政府;2=合作社;3=企业;4=科研院所;5=农资商;6=农广校;7=其他

## E 农业保险

1. 本村是否开展过苹果保险? 1=是;0=否

——若是,_____年开始,现在是否还有? (1=是;0=否);——若否,_____年停止,停止开展原因?

1=保险公司不再提供保险;2=政府停止补贴;3=投保比例太小;4=其他_____

2. 在本村开展苹果保险提供险种有哪些?【可多选】

1=水灾;2=风灾;3=旱灾;4=冰雹;5=霜冻;6=雪灾;7=病虫害;8=全部自然灾害;9=其他_____

3. 本村是否有负责核损理赔的工作机构或技术小组? 1=是 0=否

4. 理赔标准如何确定?

1=保险公司确定;2=农户个人与保险公司协商;3=核损理赔小组与保险公司协商;4=村委会与保险公司协商;5=合作社/企业与保险公司商议;6=据受灾程度严格按照保险合同计算赔付;7=其他

5. 灾害程度如何确定? _____

图书在版编目（CIP）数据

气候变化与苹果种植户的适应／冯晓龙，陈宗兴，

霍学喜著. -- 北京：社会科学文献出版社，2018.10

（中国"三农"问题前沿丛书）

ISBN 978 - 7 - 5201 - 3258 - 9

Ⅰ.①气… Ⅱ.①冯… ②陈… ③霍… Ⅲ.①气候变

化 - 影响 - 苹果 - 果树园艺 - 陕西 Ⅳ.①S661.1

中国版本图书馆 CIP 数据核字（2018）第 185700 号

中国"三农"问题前沿丛书
气候变化与苹果种植户的适应

著　　者／冯晓龙　陈宗兴　霍学喜

出 版 人／谢寿光
项目统筹／任晓霞
责任编辑／任晓霞　李吉环

出　　版／社会科学文献出版社·社会学出版中心（010）59367159
　　　　　地址：北京市北三环中路甲 29 号院华龙大厦　邮编：100029
　　　　　网址：www.ssap.com.cn
发　　行／市场营销中心（010）59367081　59367018
印　　装／三河市尚艺印装有限公司

规　　格／开本：787mm×1092mm　1/16
　　　　　印张：16.5　字数：213 千字
版　　次／2018 年 10 月第 1 版　2018 年 10 月第 1 次印刷
书　　号／ISBN 978 - 7 - 5201 - 3258 - 9
定　　价／79.00 元